Bipul Mohanto

Conceção de painéis de iluminação de estado sólido e efeitos não visuais da luz

Bipul Mohanto

Conceção de painéis de iluminação de estado sólido e efeitos não visuais da luz

ScienciaScripts

Imprint

Cover image: www.ingimage.com

This book is a translation from the original published under ISBN 978-3-659-82249-0.

Publisher:
Sciencia Scripts
is a trademark of
Dodo Books Indian Ocean Ltd. and OmniScriptum S.R.L publishing group

120 High Road, East Finchley, London, N2 9ED, United Kingdom
Str. Armeneasca 28/1, office 1, Chisinau MD-2012, Republic of Moldova, Europe
Printed at: see last page
ISBN: 978-620-8-30183-5

Conteúdo

Resumo

A luz tem, sem dúvida, o impacto mais profundo no ser humano desde a fase inicial de avaliação, uma vez que a visão é considerada o sentido mais complicado, construído e evoluído do ser humano. Durante séculos, acreditou-se que a luz tinha apenas efeitos visuais, como prova da existência de fotorreceptores clássicos, bastonetes e cones, na retina. No início da década de 1990, após a descoberta do terceiro tipo de fotorreceptor, denominado *células ganglionares da retina intrinsecamente fotossensíveis (ipRGC)* ou *células ganglionares da retina que contêm melanopsina,* todo o conceito do efeito da luz no ser humano foi alterado de um dia para o outro, tendo-se provado que, para além dos efeitos visuais, a luz tem também efeitos não visuais no corpo humano. A ipRGC influencia o ritmo circadiano humano, controlando diretamente a secreção de melatonina. O processo é lento, mas tem um efeito prolongado na nossa vida quotidiana. Para um ser humano normal, o ritmo circadiano é um relógio biológico com um ciclo de sono e vigília de 24 horas.

Cada um destes três tipos de fotorreceptores tem a sua própria região mais sensível na fotometria. Os bastonetes e os cones têm o seu pico de sensibilidade em cerca de 505 nm e 550 nm, respetivamente, e o terceiro ipRGC tem o seu pico de sensibilidade na gama de 460 nm a 480 nm.

Como luz eléctrica, a iluminação de estado sólido (SSL) está a ganhar terreno a todas as outras luzes eléctricas tradicionais devido à sua elevada eficiência luminosa e às suas utilizações comuns avançadas. Atualmente, o díodo emissor de luz branca (lâmpadas LED) mais utilizado gera o seu comprimento de onda máximo também na gama em que o ipRGC é mais sensível. O problema ocorre frequentemente nas pessoas que passam a maior parte do tempo sob este ambiente de iluminação artificial. Provoca ritmos circadianos irregulares, perturbações do sono e outros tipos de problemas psico-físicos. Assim, a conceção e a instalação de luzes num ambiente como o dos escritórios comerciais são muito importantes, tendo em conta os efeitos não visuais da luz.

Por outro lado, o consumo de energia é também muito importante para os edifícios comerciais e domésticos. Tem também valores económicos, ambientais e sociais. Uma boa combinação de luz do dia e luz artificial dá melhores resultados em termos de efeitos não visuais no ser humano num edifício comercial, bem como em edifícios domésticos. Considerando os efeitos não visuais, a medição da luz do dia para edifícios ecológicos e os díodos emissores de luz - estas são as três palavras-chave significativas de todo este trabalho de tese.

O principal fluxo de trabalho foi conduzido com uma revisão da literatura que estuda as investigações semelhantes neste domínio, com uma compreensão geral dos efeitos não visuais no ser humano. As medições de iluminação relevantes e as metodologias de conceção de painéis LED foram estudadas cuidadosamente para o desenvolvimento posterior dos painéis. Os dados relativos à luz do dia foram registados ao longo de um período de quatro meses, de fevereiro a maio, de acordo com a mudança de mês, centrando-se também na mudança sazonal do final do inverno para a primavera. As medições de dados foram efectuadas em dois locais diferentes; o primeiro local é ao ar livre e o segundo local é uma área exterior aberta na cidade de Joensuu, Finlândia. Os dados foram analisados e documentados corretamente para fins de investigação futura. Finalmente, foram concebidos cinco painéis LED diferentes, em que os valores de irradiância são primeiro normalizados e depois optimizados de acordo com o Fator de Ação Circadiana (CAF) e o índice de fluxo melanópico mais elevados. Foram aplicados diferentes padrões de matriz de LED com os pacotes de LED disponíveis para obter o melhor resultado de iluminação e propriedades de reprodução de cores.

Agradecimentos

I Sinto-me realmente honrado por ter esta grande oportunidade de expressar a minha verdadeira e sincera gratidão a muitas pessoas sem as quais não seria possível continuar e terminar este trabalho de tese em tempo útil. Sinto-me rico de grandes sentimentos por ter essas pessoas que sempre me apoiaram para que o meu trabalho de tese fosse realizado, florescesse e prosperasse.

Antes de mais, gostaria de agradecer ao meu respeitado orientador de tese, o Professor Jussi Parkkinen. Foi a sua orientação constante, o seu apoio, os seus conselhos e o seu entusiasmo que me permitiram realizar este trabalho. Sem as suas orientações, críticas e apoio inabalável, seria muito difícil continuar a realizar este trabalho e terminá-lo num prazo adequado. Muito obrigado ao Professor Markku Hauta-Kasari e a Ville Heikkinen pelas suas críticas e comentários inestimáveis durante duas apresentações de teses simuladas, que me ajudaram a fazer correcções, modificações e actualizações adequadas do meu trabalho numa nova corrente. Continuarão sempre a ser uma inspiração para mim. O meu agradecimento especial a Piotr Czesloslawny Bartczak, investigador doutorado, pela sua ajuda cordial, conselhos e orientações sobre os dispositivos de medição, a configuração da cabina de luz, por me ter deixado utilizar a sua GUI desenvolvida e pelas sugestões para o desenvolvimento de painéis LED no meu trabalho, sempre que o solicitei. Tenho de mencionar os meus amigos e colegas de turma, Richa Sharma e Glenn Sweeney, que mantiveram sempre a nossa sala dinâmica para trabalhar.

Gostaria de agradecer à Dra. Vineetha Kalavally e a You Jin Tam da Universidade Monash, Malásia, pelas suas amáveis orientações, assistência sobre o seu trabalho de investigação, medições e dados relacionados com a tarefa de otimização da luz LED. Estou muito orgulhoso pela investigação que partilharam comigo. Várias figuras e tabelas estão a ser adoptadas de diferentes jornais científicos, revistas e blogues com a devida menção. Estou grato e mostro a minha gratidão a todos eles com uma menção honrosa.

No final, quero agradecer aos meus pais, que são o meu melhor apoio, inspiração e motivação para a vida. Por último, mas não menos importante, quero agradecer ao Todo-Poderoso por este caminho da minha vida e pela capacidade que me foi dada para o desenvolver no futuro próximo.

Capítulo 1

Introdução

O conceito de luz mudou radicalmente nos últimos anos, tanto no mundo comercial como no da investigação. Hoje em dia, os principais desafios que se colocam aos projectistas de iluminação são torná-la mais rentável do ponto de vista comercial, agradável para os utilizadores finais, melhorar a situação geral dos factores de saúde relacionados com a luz, aumentar a produtividade, bem como respeitar o ambiente em termos de mundo verde. Numa zona urbana comercial congestionada, onde muitos edifícios de vários andares ou arranha-céus se encontram a uma distância tão curta quanto possível uns dos outros, a luz direta do dia dificilmente chega ao espaço de trabalho dos ocupantes. Nesse cenário, a luz do dia reflectida pelas superfícies dos edifícios próximos é, na maior parte dos casos, a única forma natural de iluminar o espaço interior de um edifício comercial. Na maioria dos casos, a iluminação recebida não é suficiente devido à natureza do trabalho. Assim, a necessidade de fontes de iluminação artificial, como lâmpadas eléctricas, é a única opção alternativa.

A luz do dia reflectida ou direta entra no espaço interior de um edifício, especialmente através das fachadas das janelas. A luz do dia é óbvia para os edifícios domésticos e comerciais, uma vez que torna todo o ambiente mais afetivo e visualmente confortável para os ocupantes, equilibrando o seu ritmo circadiano e melhorando a sua saúde física e mental. Estudos revelaram que as funções do corpo humano são mais activas durante um determinado período de luz natural ativa [1]. Por outro lado, a luz do dia tem uma boa propriedade de reprodução de cores do que as luzes eléctricas artificiais. O nível de iluminação é também muito elevado em diferentes condições de céu ao longo do ano do que o nível de iluminação das lâmpadas eléctricas em geral [2].

Outra vantagem da utilização da luz do dia é o facto de poupar muita energia eléctrica, o que deve ser rentável para qualquer proprietário de um edifício comercial. A investigação revelou que cerca de 20%-30% da eletricidade total é utilizada para iluminar um edifício comercial totalmente climatizado. Em termos de um edifício doméstico, a poupança de eletricidade possível através da utilização da luz natural é de apenas 10% por ano [3].

Para minimizar a utilização de eletricidade e desenvolver as condições de iluminação interior, o U.S. Green Building Council (USGBC) normalizou as normas "Leadership in Energy and Environmental Design (LEED)" para projectistas, arquitectos e desenhadores de iluminação. De acordo com estas normas, estão a ser concebidos novos edifícios, estão a ser convertidos edifícios antigos e, além disso, estão a ser intensamente regulamentados e investigados para posterior desenvolvimento. O principal objetivo destas normas é utilizar a luz do dia de uma forma mais inteligente e eficaz para reduzir o consumo de eletricidade e melhorar o ambiente interior dos edifícios.

Para a conceção e desenvolvimento de um edifício ecológico, o primeiro requisito mais importante é conhecer as condições de luz natural exterior e o seu padrão de mudança (irradiância) em função das alterações sazonais do ano. O segundo fator mais importante é encontrar a "Iluminância Útil da Luz do Dia (UDI)" [4]. No âmbito da UDI, os valores de iluminação horária estão a ser medidos e categorizados em três classes diferentes, 0-100 lux, 100-2000 lux e mais de 2000 lux no nível de iluminância horizontal [5]. Verificou-se que qualquer iluminância acima do valor limite superior de 2000 lux não é útil devido a potenciais condições de sobreaquecimento [5].

Outra desvantagem da utilização da luz direta do dia é o brilho do sol, que pode tornar o ambiente desagradável para os ocupantes [6], especialmente quando o posto de trabalho está localizado ao lado das janelas. A disponibilidade da luz do dia também não é regular, depende da altitude da posição do sol e muda durante as diferentes estações do ano. As condições do céu e do tempo numa determinada altura também têm um impacto profundo na disponibilidade regular da luz do dia.

Tendo em conta estes factores de medição da luz do dia e para efeitos de investigação, os dados relativos à luz do dia foram registados durante os meses de fevereiro a maio em dois locais específicos de Joensuu, na Finlândia. Este período de tempo também nos dá o padrão de mudança da luz do dia durante a mudança sazonal do final do inverno para a primavera. Os dados foram modificados e analisados para visualizar claramente o padrão de mudança durante este período de tempo.

Para uma boa iluminação interior, a maior parte dos edifícios comerciais são atualmente iluminados por lâmpadas fluorescentes compactas (CFL) ou díodos emissores de luz (LED) devido à sua elevada eficiência luminosa. Embora ambas as lâmpadas comerciais tenham propriedades de restituição de cor quase iguais, tendo em conta a elevada eficiência luminosa e a longevidade em relação às CFL, as lâmpadas LED estão a conquistar rapidamente o mercado [7]. O LED é uma fonte de iluminação de estado sólido que utiliza as propriedades de eletroluminescência dos díodos semicondutores para gerar eletricidade. Relativamente às propriedades da luz natural, esta contém cerca de 5% de raios ultravioleta, 45% de espectros da gama visível e os restantes 50% de raios infravermelhos [4]. As lâmpadas eléctricas, como as incandescentes e as fluorescentes compactas, geram uma gama notável de raios infravermelhos, enquanto as lâmpadas LED cobrem apenas a curta gama visível de luz de 380 nm-780 nm, o que as torna mais económicas.

Esta curta gama de espetro frequentemente gerada pelas lâmpadas LED também suscita sérios problemas de saúde. As lâmpadas LED comerciais (especialmente a luz branca) geram frequentemente comprimentos de onda máximos na região azulada e a relação entre os espectros ultravioleta, visível e infravermelho também é diferente da luz natural do dia [8]. Um padrão regular de luz natural controla normalmente o ritmo circadiano humano de 24 horas de sono e vigília. As luzes eléctricas projectadas, como as lâmpadas LED, revelaram-se frequentemente perigosas para este ritmo circadiano normal. Na mesma região do pico azul dominante das luzes LED, as células ganglionares da retina intrinsecamente fotossensíveis (ipRGC) também são sensíveis e esta sobreposição cria frequentemente problemas de saúde [9].

Durante este trabalho de tese, para além da medição da luz do dia, foram concebidos e desenvolvidos cinco painéis LED diferentes, tendo em conta os efeitos não visuais da luz no ritmo circadiano com os pacotes de LED disponíveis no laboratório. A conceção do painel teve em conta uma longa configuração experimental e testes na cabina de luz do laboratório. Foram utilizados aparelhos ópticos como o espetrofotómetro Konica Minolta CL-500A, o Chromameter CL - 200 e o Gigahertz Optik BTS256 - LED Tester para as diferentes fases de medição da qualidade da luz.

No que diz respeito à estrutura desta tese, na primeira parte foram focados os problemas desta investigação sobre iluminação, o estado da arte e trabalhos de investigação semelhantes que foram realizados anteriormente, as suas conclusões com o nome de revisão da literatura. Durante as medições da luz do dia e a conceção do painel LED, estes trabalhos de investigação foram cuidadosamente seguidos. A segunda parte é a metodologia, onde primeiro se descreve a iluminação de estado sólido, depois os efeitos não visuais da luz e o seu percurso desde a retina até ao cérebro humano, bem como os seus efeitos, com ilustração visual. A radiometria, a fotometria e as suas unidades com nível de iluminação padrão para um ambiente de escritório em diferentes países são mencionadas com a referência seguinte. Em seguida, prossegue-se a discussão sobre os diferentes métodos de medição da luz em locais como o exterior, a área exterior aberta e o interior, dependendo da área de superfície, da luz que cobre essa área, da posição da luminária e das suas vantagens e desvantagens. Na terceira parte, as conclusões deste trabalho de tese foram ilustradas com uma configuração experimental, resultados e discussões apropriadas. Por fim, uma breve conclusão sobre o trabalho futuro que pode ser efectuado com base nos dados recolhidos e na configuração construída como uma versão elaborada desta tese para um melhor desenvolvimento foi destacada em poucas palavras.

Capítulo 2

Estado da arte na investigação da luz

A qualidade da saída de luz do estado sólido depende da conversão adequada da eletricidade em luz branca visível (380 nm-780 nm) utilizando materiais semicondutores, em que cada um dos materiais semicondutores tem propriedades únicas. Ao tirar partido da conversão direta da eletricidade em luz, em vez dos processos em que a luz é o subproduto de outra conversão, como acontece com as lâmpadas incandescentes tradicionais e a iluminação fluorescente compacta, promete uma eficiência de conversão sem precedentes e, em situações adequadas, até 100%.

Atualmente, as indústrias de iluminação de estado sólido necessitam, no entanto, de mais melhorias para atingir essa eficiência de conversão. [st]A lógica subjacente a este facto é que, para se tornar a fonte de luz padrão do século XXI, a eficiência de conversão deve ser melhorada, ao mesmo tempo que se obtém uma produção de baixo custo mas de alta qualidade. É também muito importante estabelecer uma relação sólida entre a experiência visual humana e a luz percebida, uma vez que, indiretamente, esta cria um impacto profundo nas funções hormonais humanas e controla todas as funções corporais. A relação deve ser quase semelhante à da luz do dia para evitar qualquer efeito perigoso.

A luz branca de alta qualidade é possível com uma combinação de muitas cores (por exemplo, vermelho, âmbar, amarelo, verde e azul), com diferentes intensidades e valores de irradiância [10]. Os métodos adequados de mistura de cores são concebidos de forma intensiva com as propriedades de emissão de luz neste projeto de iluminação. A resolução bem sucedida destes dois desafios promete permitir uma luz branca de alta qualidade, eficiente em termos energéticos e económica, que poupará energia e beneficiará a saúde psicofísica humana e melhorará os factores circadianos.

A condição da luz do dia não é constante durante todo o ano, é uma variável que depende da altitude do sol em diferentes alturas do ano. A altitude do sol também controla as estações do ano e o clima numa determinada área geográfica. Uma medição semelhante da luz do dia foi efectuada em Nápoles, Itália, durante as duas principais estações do ano, verão e inverno. A localização do terminal de medição é interior, em três espaços de escritórios diferentes com exposições, caraterísticas e configuração diferentes. O principal objetivo dessa investigação era descobrir os resultados de como, durante o verão, a altura de uma secretária de trabalho, a iluminação disponível tem impacto nos factores circadianos dos empregados. Em seguida, foram comparados com os dados registados e a experiência subjectiva no mesmo local durante o inverno. As conclusões são surpreendentes: apesar de a situação da luz do dia no exterior ser diferente, a distribuição da potência espetral e a temperatura de cor correlacionada (CCT) ao nível dos olhos revelaram-se quase constantes num ambiente de escritório, devido à presença de lâmpadas eléctricas e à boa combinação da luz eléctrica com a luz do dia que chega através das janelas. São tidos em conta diferentes parâmetros, como as diferentes condições do céu exterior, as alterações sazonais, as dimensões da sala e os factores de reflexão espetral da superfície. Outra descoberta nova foi que, embora os valores de CCT sejam diferentes, a irradiância recebida pelos olhos e o seu impacto circadiano no ser humano são quase semelhantes aos iluminantes padrão CIE D50 e D55 testados[6].

Para melhorar o planeamento de apartamentos domésticos tendo em conta o conforto luminoso, que controla diretamente o comportamento da residência, foi realizada uma investigação no âmbito do Departamento de Engenharia de Serviços de Construção da Universidade Politécnica de Hong Kong [11]. A pesquisa foi realizada com método estatístico entrevistando 340 moradores de habitações públicas e privadas. O objetivo era descobrir como o conforto luminoso e a uniformidade da luz do dia controlam os padrões de comportamento humano. O grau de conforto luminoso é altamente afetado pelas condições de luz do dia. A utilização de luz eléctrica durante um período mais longo tem um impacto profundo no conforto luminoso dos habitantes, especialmente em condições de fraca luminosidade.

Técnicas semelhantes de medição da luz foram utilizadas por Hideaki Kido *et al.* [12] num edifício de escritórios para determinar as caraterísticas da iluminação interior em relação às condições de luz natural exterior. Na experiência, utilizaram duas prateleiras de luz, a primeira é apenas uma prateleira de luz e a segunda é uma prateleira de luz com um estore em termos de iluminância horizontal e luminância da janela. A mesma configuração de medição de iluminação é utilizada durante este trabalho de tese na área exterior aberta, onde, apesar da prateleira de luz na direção horizontal, existe uma lâmpada fluorescente compacta na direção vertical no lado norte15 com uma combinação de luz do dia proveniente de uma janela da fachada sul. As suas conclusões sobre o trabalho de investigação indicam que a presença de uma prateleira de luz aumenta a iluminação ao nível do teto, especialmente durante o inverno no Japão, o nível de iluminação era notório, enquanto no verão era mais consistente do que em qualquer outra estação. À semelhança destas experiências, o nível de iluminação alterou-se drasticamente na minha análise de dados do exterior aberto devido à presença de lâmpadas fluorescentes compactas na área exterior aberta descrita na secção 4.6.

Durante este trabalho de tese, foram projectados intensivamente diferentes painéis LED, seguindo diretamente os modelos de conceção de luz da Universidade de Monash, Malásia [13]. Para garantir a qualidade da luz, especialmente a saída de luz branca gerada pela *mistura aditiva de cores* foi comparada com a saída de luz da Universidade de Monash. O sistema que foi utilizado nessa universidade é diferente do sistema que foi desenvolvido durante o meu trabalho. Já foi utilizado um sistema incorporado com controlo automático, ao passo que na minha instalação tudo era manual e cada um dos parâmetros, como as intensidades e a irradiância, era controlado separadamente. O trabalho de teste da luz foi realizado de acordo com as quatro caraterísticas da luz branca gerada: naturalidade, atratividade, luminosidade e preferência em comparação com uma fonte de luz LED branca normal. O espetro de luz branca utilizando os LED RGB foi optimizado com base nos seus valores tristímulos em comparação com o iluminante de referência CIE D65 [14].

Capítulo 3

Metodologia

Neste capítulo, começa-se por apresentar uma breve panorâmica da iluminação de estado sólido (SSL), as suas vantagens e desvantagens. Em seguida, é feita uma breve descrição do percurso biológico dos efeitos não visuais desde a retina até ao cérebro humano e das actividades hormonais relacionadas que controlam as nossas funções corporais diárias. Tentou-se perceber as diferenças entre os efeitos visuais e não visuais da luz. Em seguida, discute-se a radiometria e a fotometria. Em todas as medições e configurações experimentais realizadas durante este trabalho, utilizam-se apenas as unidades fotométricas indicadas nesta secção. Em seguida, foi apresentada uma discussão geral sobre os níveis de iluminação padrão para um ambiente de escritório em diferentes países, determinados por diferentes organizações nacionais e internacionais, com valores de iluminação. Nesta discussão, são mencionadas duas categorias económicas diferentes de países, em que a Europa, os EUA e o Japão são considerados países desenvolvidos e a Rússia e a China são considerados países em desenvolvimento. Tentou-se perceber como a economia controla as condições de iluminação padrão. Na secção seguinte, são discutidos os diferentes métodos de medição da luz que foram utilizados em três locais diferentes: exterior, exterior aberto e interior.

3.1 Iluminação de estado sólido

T iluminação de estado sólido (SSL) é uma fonte de energia luminosa criada por materiais electroluminescentes semicondutores, enquanto nas fontes de luz tradicionais se utilizam filamentos, gás ou plasma para produzir energia luminosa[15]. Após a primeira comercialização no início da década de 1960, a indústria da iluminação de estado sólido está a florescer tremendamente, substituindo todos os tipos de fontes de luz tradicionais devido à sua utilização polivalente, que pode ser facilmente aplicada desde painéis de sinalização rodoviária a ecrãs electrónicos complicados. As principais vantagens da utilização da iluminação de estado sólido são a sua eficiência luminosa, longevidade e elevados índices de restituição de cor[16]. A iluminação de estado sólido pode ser classificada em três classes principais, consoante os materiais semicondutores utilizados[17],

1. Díodo emissor de luz (LED)
2. Díodo emissor de luz de polímero (PLED)
3. Díodo orgânico emissor de luz (OLED)

Numa iluminação de estado sólido, estão a ser utilizados materiais semicondutores. Os materiais semicondutores têm um valor de condutividade eléctrica no meio da gama de condutividade eléctrica dos condutores, como os diferentes tipos de metais, e dos isoladores, como os vidros [18]. Outra propriedade dos semicondutores é que, quando a aplicação da temperatura reduz a condutividade eléctrica dos condutores, a condutividade eléctrica dos semicondutores aumenta drasticamente com o aumento da temperatura [18]. Este comportamento é totalmente único em comparação com qualquer outro elemento químico.

A condução de eletricidade num material semicondutor ocorre através do movimento de electrões livres e buracos, que desempenham o papel de portadores de carga. A adição de uma quantidade muito reduzida de átomos de impurezas a um material semicondutor, conhecida como dopagem, aumenta rapidamente o número de portadores de carga no seu interior [21]. Quando um semicondutor dopado contém maioritariamente buracos livres, é designado por semicondutor *do tipo p* ou positivo, e quando contém maioritariamente electrões livres é designado por semicondutor dopado *do tipo n* ou negativo. Os materiais semicondutores utilizados nos dispositivos electrónicos são dopados em condições precisas para controlar a concentração e as regiões dos dopantes dos tipos p e n. Um único cristal semicondutor pode ter muitas regiões do tipo p e n. As junções p-n (1) entre estas regiões são responsáveis pelo comportamento eletrónico útil [22].

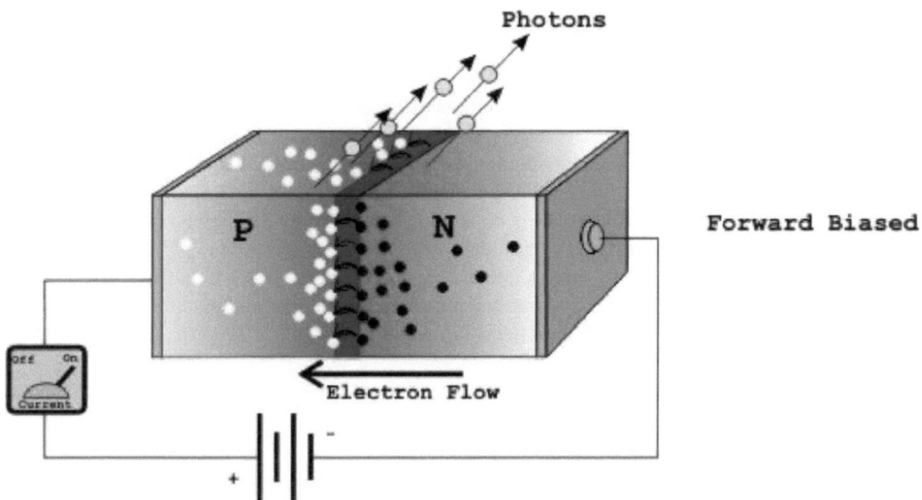

Figura 1: Os díodos LED emitem luz através de uma junção p-n. No caso de polarização para a frente, os electrões excitados do silício do tipo n combinam-se com os buracos no silicone do tipo p e emitem fotões de luz. Normalmente, os díodos LED emitem apenas uma *luz* de comprimento de onda dominante*: Blogue da Scientific Instruments, 15 de agosto,* `http://www.imagesco.com/articles`

Num material semicondutor, a quantidade de energia que será gerada sob a forma de luz com um comprimento de onda máximo depende do intervalo de banda ou intervalo de energia (E_g). O intervalo de banda refere-se geralmente à diferença de energia (electrões-volt, eV) entre a banda de valência e a banda de condução. Os electrões podem permanecer na banda de valência ou na banda de condução, mas não na região do "band gap". Se o semicondutor for submetido a uma ligação eléctrica, alguns electrões obtêm a energia necessária para passar da banda de valência para a banda de condução. Os electrões excitados emitem energia na banda de condução e regressam à banda de valência, sendo esta energia emitida como energia luminosa. Dependendo das diferentes dimensões dos intervalos de banda em diferentes materiais semicondutores, é emitida energia luminosa com diferentes comprimentos de onda de pico [19]. A energia emitida pelo eletrão pode ser determinada pela fórmula de Planck,

$$E_2 - E_1 = h\mu_{21}$$

Onde,

E_2 = Energia associada à banda de condução

E_1 = Energia associada à banda de valência

h = constante de Planck

μ = Frequência da radiação emitida quando o eletrão passa da banda de condução para a banda de valência.

Pode estabelecer-se uma relação entre o comprimento de onda dominante e a emissão de energia na voltagem do eletrão num material semicondutor utilizando a seguinte fórmula[20],

$$wavelength = \frac{1239.76}{v_d} nm$$

Onde,

V_d = diferença de potencial em electrões-volt (eV) entre duas bandas de energia (banda de valência e banda de condução) através das quais os electrões deslocados caíram numa transição.

Os elementos químicos das colunas III e V da tabela periódica são utilizados para dopar materiais semicondutores puros [23]. Na tabela 1, os elementos dopados utilizados comercialmente foram apresentados juntamente com os semicondutores ultrapuros para produzir pacotes de LED de cores diferentes com o seu comprimento de onda de pico esperado aproximado[24]. É notório que o mesmo tipo de elementos pode ser utilizado para gerar diferentes comprimentos de onda dominantes com muito poucas variações na quantidade de impurezas. Por exemplo, o mesmo *InGaN* pode ser utilizado para gerar luz de comprimento de onda dominante azul de 450 nm, azul-verde de 500-505 nm ou verde de 525 nm. Neste caso, a quantidade de impurezas é diferente consoante a aplicação. Da mesma forma, *o AlInGaP* pode ser utilizado para gerar luz dominante âmbar a 590 nm, laranja a 605 nm, vermelho-laranja a 615 nm ou vermelho a 625 nm[25].

Conjugação de elementos	Comprimento de onda de pico (nm)	Emissões de cor
InGaN	450	Azul
InGaN	500, 505	Azul-verde
InGaN	525	Verde
AlInGaP	590	Âmbar
AlInGaP	605	Laranja
AlInGaP	615	laranja-vermelho
AlInGaP	625	Vermelho

Tabela 1: Semicondutores dopados utilizados comercialmente para gerar diferentes cores de luz

3.2 Efeitos não visuais da luz

Os olhos humanos desempenham, na sua maioria, um duplo papel em relação à radiação ótica: o primeiro papel é a formação de imagens ou efeitos visuais e o segundo papel são as respostas circadianas, neuro-endócrinas e neuro-comportamentais, conhecidas como efeitos não-visuais[26, 27]. A palavra circadiano tem origem na palavra latina "circa-diem", que significa "aproximadamente um dia". Uma rotação completa da Terra sobre o seu próprio eixo demora exatamente 24 horas (mais precisamente 23 horas 56 minutos 4,1 segundos), o que se designa por um dia completo. O ciclo claro-escuro de um dia é muito importante para a realização dos nossos processos corporais diários, tais como o ciclo sono-vigília, o ritmo cardíaco, a temperatura corporal e a produção de determinado tipo de hormonas. Este ciclo corporal de 24 horas é conhecido como ritmo circadiano. Os efeitos não visuais podem ser profundos para a saúde e o bem-estar do ser humano, uma vez que controlam o ciclo sono-vigília.

A crença geral era de que os bastonetes e os cones eram os únicos fotorreceptores sensíveis à luz na retina humana até ao ano 2000, altura em que os cientistas descobriram que cerca de 1% (o intervalo encontrado varia de pessoa para pessoa, entre um mínimo de 0,2% e um máximo de 0,8%) das células ganglionares da retina também são sensíveis à luz. Estas células ganglionares são chamadas células ganglionares intrínsecas da retina fotossensíveis (ipRGC)[9, 28, 29, 30]. Os fotorreceptores das ipRGC têm uma ligação direta com o relógio biológico localizado no cérebro humano, chamado Núcleo Supraquiasmático (SCN)[31]. O SCN tem ligação com a glândula pineal[32] que produz muitas hormonas activas para o corpo humano (fig.2).

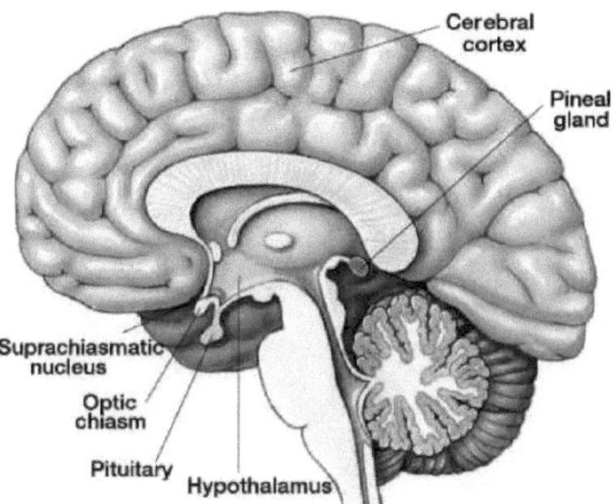

Figura 2: A glândula pineal situa-se no centro do cérebro. Produz hormonas que controlam a atividade rotineira, como a melatonina, que regula o ciclo vigília-sono do corpo. *Referência: Human anatomy blog, August 14,* 2015http://history.wisc.edu/sommerville/351/351-19.htm

A ipRGC exprime diretamente o fotopigmento melanopsina, que é responsável pelas funções não visuais num ritmo circadiano[33, 34]. Num ritmo circadiano regular, são produzidos dois tipos importantes de hormonas no corpo humano, o cortisol, também conhecido como hormona energética, e a melatonina, também conhecida como hormona do sono. De manhã, o nível de cortisol está cheio, dando ao corpo humano energia para trabalhar e concentração. Com o passar do tempo, o nível de cortisol começa a baixar e, antes de dormir, o nível torna-se mínimo. A melatonina funciona de forma totalmente oposta ao cortisol. De manhã, depois de se levantar, o nível de melatonina é mínimo, mas à medida que o dia começa a aumentar, o nível também começa a aumentar e, antes de dormir, o nível é máximo, o que provoca o sono do ser humano. O ritmo circadiano não está presente apenas no corpo humano, mas também em muitos outros animais, plantas, até mesmo em bactérias e algas de baixo nível.

Da retina humana ao cérebro temos duas vias[35, 36]. Na fig.3, a linha sólida verde representa a via visual e a linha sólida azul representa a via biológica funcional (efeitos não visuais) que está diretamente ligada aos núcleos supraquiasmáticos (SCN) e à glândula pineal. Tal como os outros fotorreceptores, bastonetes e cones, o ipRGC é sensível numa região específica da curva de sensibilidade. Enquanto a visão fotópica normal é principalmente sensível na região amarelo-verde (530 nm-550 nm), o efeito não visual é sensível principalmente na região azul, na gama de 460 nm a 480 nm na gama electromagnética.

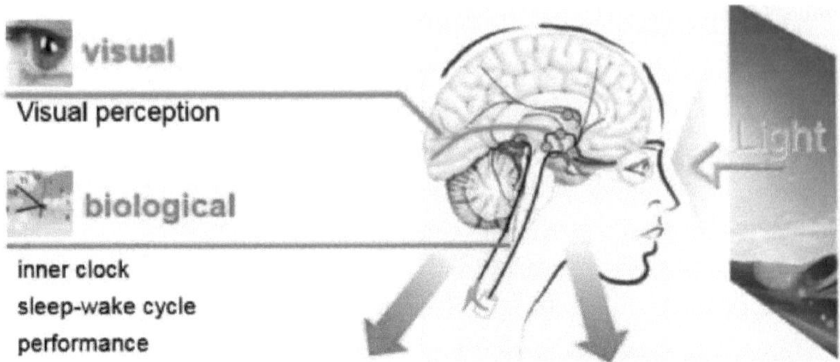

Figura 3: A via visual e não visual da luz no cérebro, *referência: "The Physiological Impact of Lighting, OSRAM, página 7". 12º Workshop anual DOE Solid-State Lighting R&D, 27-29 de janeiro de 2015. São Francisco, EUA*

A figura 4, adaptada da revista LEDs Magazine [37], mostra a diferença entre a curva circadiana e a curva de visão fotópica em comparação com as actuais luminárias LED de cor branca azulada. Comercialmente, estas luminárias LED branco-azuladas são as mais utilizadas. A partir desta figura, pode ver-se que a curva de sensibilidade circadiana tem o pico em cerca de 460-480 nm, enquanto os LED azuis têm o pico quase na mesma zona [38].

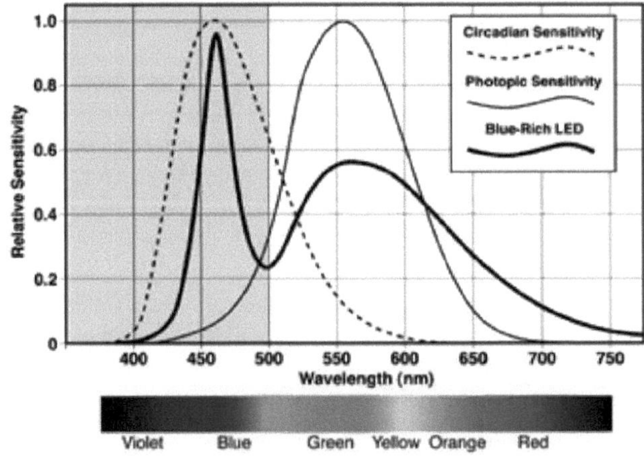

Figura 4: A sensibilidade visual humana situa-se principalmente na parte verde e amarela do espetro e é representada pela linha sólida fina. Os ritmos circadianos são controlados pela luz emitida dentro da curva tracejada. A cor da luz emitida por um típico LED branco-azulado de 5500 Kelvin é representada pela linha a negrito. Uma grande parte da luz emitida por esta fonte de luz está fora do alcance da visão fotópica humana e está dentro da curva do ritmo circadiano. A IDA recomenda a limitação da luz azul emitida abaixo dos 500 nm, como indicado pela secção sombreada do *gráfico: "international dark sky association blue light at night threatens animals and people", Craig DiLouie, 20 de janeiro de 2010,* `http://www.lightnowblog.com/`

3.3 Radiometria e fotometria

A radiometria é a medição da radiação ótica da onda electromagnética a partir do raio cósmico (0,01 micrómetro) até à onda ultra-sónica (1 milímetro)[39], enquanto a fotometria é a medição da luz apenas com a banda limitada da onda electromagnética (aproximadamente 380 nm a 780 nm). Esta gama curta é apenas sensível ao sistema de visão humano.

Durante este trabalho de tese, apenas estão a ser utilizadas unidades fotométricas. Porque todas as medições experimentais estão a ser feitas na gama do visível humano[40]. A tabela 2 abaixo mostra a diferença entre unidades radiométricas e unidades fotométricas[41, 42].

Quantity	Radiometry		Photometry	
	Parameter	Unit	Parameter	Unit
Energy	Q	J	Q_v	J
Power	Radiant flux, P	w	Luminous Flux, Φ_v	lm
Power/solid angle	Radiant intensity,I	w/sr	Luminous intensity, I_v	cd = lm/sr
Power/unit area	Irradiance, E	w/m^2	Illuminance, E_v	lx = lm/m^2
Power/ area/ solid angle	Radiance, L	$w/m^2 sr$	Luminance L_v	$lm/m^2 sr$ = cd/m^2

Tabela 2: Unidades radiométricas e fotométricas [J = Joule; w = watt, lm = lúmen, sr = esterradiano, cd = candela, m = metro, lx = lux]

3.4 Nível de iluminação padrão em ambiente de escritório

Como qualquer outro ramo da medição científica, as condições de iluminação em diferentes situações e locais também têm escalas padrão seguidas pelos projectistas de iluminação, arquitectos e engenheiros. O padrão recomendado de iluminação depende de 3 condições diferentes determinadas pela Comissão Internacional de Iluminação no seu relatório anual de 2010. As 3 condições são,

1. necessidade do indivíduo
2. necessidade da sociedade
3. necessidade do ambiente

As necessidades individuais são concebidas em função de diferentes parâmetros como o desempenho visual, o conforto visual, o aspeto da cor, o bem-estar e os efeitos não visuais. Os efeitos não visuais são cuidadosamente considerados pelas normas de distribuição espetral de potência (SPD), fator de luz do dia (DF), exposição diária à luz do dia, frequência da luz que está a ser utilizada, quantidade de ultravioleta (UV) e infravermelhos (IR) na luz. As necessidades da sociedade são os custos, os orçamentos, a satisfação do público, a produtividade, o baixo custo de manutenção, a segurança, as questões de proteção e a redução da fadiga dos cidadãos. As necessidades ambientais exigem menos poluição luminosa, baixo consumo de energia, redução das harmónicas e das perdas de energia, redução dos elementos perigosos utilizados na produção de lâmpadas eléctricas[43]. Em função das várias necessidades, o quadro 3 ilustra o nível normal de iluminação dos escritórios em cinco países diferentes, sendo os níveis de iluminação determinados em unidade lux.

Countries	Conference Room	Normal Working Desk	Drawing Table	Archive Room
Europe [CIE 12464-1]	500	500	750	200
USA [ANSI-IESNA-RP-1-04]	$\bar{E}_h$ 300, $\bar{E}_z$ 50	100-1000	$\bar{E}_h$ 1000 $\bar{E}_z$ 500	150
Japan [JIES-008(1999)]	300	750<$\bar{E}_h$<1500	$\bar{E}_h$>750	200
Russia [SNiP-23-05-95]	300	300; 200-400	500; 400-600	75; 50
China [GB-50034-2004]	300	500	500	200

Quadro 3: Nível de iluminação das normas nacionais em 5 locais diferentes, continente europeu, EUA, Japão, Rússia, China

No quadro acima, os três primeiros países são considerados países desenvolvidos e os dois últimos são países em desenvolvimento em termos de crescimento económico. Tal como na Europa e noutros países desenvolvidos, o nível médio de iluminação padrão é de 500-550 lux no nível do horizonte.

Os EUA são o único país que tem normas tanto na direção do horizonte como na vertical, separadamente. No caso da Rússia, é reservada mais luz em função dos requisitos específicos. Nesse país, a iluminação geral da secretária é de 300 lux e podem ser acrescentados 200 lux a 400 lux adicionais, dependendo do objetivo e da necessidade. O mesmo se aplica à mesa de desenho de engenharia, a iluminação normal é de 500 lux, mas podem ser adicionados 400 lux a 600 lux, consoante a necessidade. O mesmo se aplica aos corredores, podendo ser acrescentados 50 lux adicionais aos 75 lux gerais, se necessário.

Evan Mills *et al.* [44] publicaram o seu trabalho de investigação aprofundada em 19 países diferentes da Europa, Ásia e América, tendo concluído que estes níveis de iluminação padrão não são constantes ao longo do tempo, especialmente parâmetros como a economia ou a crise energética afectam diretamente estes níveis de iluminação padrão. Muitos países da Europa reformularam o nível de iluminação padrão durante a crise do petróleo na década de 70th . No caso das normas europeias, o Comité Europeu de Normalização (CEN) é a autoridade máxima em matéria de iluminação normalizada, colaborando com a Comissão Internacional de Iluminação (CIE) e a Sociedade de Engenharia de Iluminação (IES) da América do Norte. Para além destas, alguns países têm as suas próprias normas nacionais. A Chartered Institution of Building Service Engineers (CIBSE) do Reino Unido é a autoridade máxima para a normalização da iluminação. O National Research Council Canada (NRCC) é o conselho nacional de normalização do Canadá, que, ao contrário de qualquer outro país, faz com que as normas estejam mais relacionadas com a poupança de energia[45].

Durante o meu trabalho, as medições interiores foram consideradas como um modelo de secretária de trabalho oficial. Para conceber a iluminação adequada num posto de trabalho, o mais importante é o conforto visual. Se o trabalho puder ser efectuado sem qualquer dificuldade, o nível de iluminação pode ser considerado bom. Em comparação com a área de trabalho principal, as áreas circundantes devem ter um nível de iluminação inferior. O nível de iluminação da área de trabalho principal e o nível de iluminação da área circundante foram definidos pelas normas CIE *EN12464-1*. Os valores são apresentados em lux abaixo, em que cada um dos segundos valores representa a iluminação da área de trabalho e o primeiro valor é para a área circundante. Por exemplo, se a área de trabalho for de 300 lux, a área circundante deve ser de 200 lux para uma zona de trabalho confortável.

20–30–50–75–100–150–200–300–500–750–1000–1500–2000–3000–5000

Quadro 4: Nível de iluminação do primeiro plano e do fundo em unidades lux. Por exemplo, se a iluminação da zona de trabalho principal for de 500 lux, a iluminação da zona circundante deve ser de 300 lux para garantir o conforto visual.

3.5 Método de medição da luz exterior

Infelizmente, não existe literatura ou trabalhos de investigação adequados que descrevam exatamente o método de medição da luz do dia em ambiente exterior. Após uma longa pesquisa online, foi encontrada uma visão geral segundo a qual o terminal de medição no exterior deve estar livre de sombras ou de reflexos adicionais, o que significa que a luz proveniente do sol e do céu aberto deve ser natural e homogeneamente recebida pelo(s) sensor(es) do dispositivo de medição. A base de medição deve ser colocada numa superfície uniforme. A altura de medição deve ser determinada em função do objetivo da medição; no meu trabalho, a altura padrão ao nível dos olhos, 165 cm, foi considerada uma altura constante para continuar a medição regularmente [46].

3.6 Métodos de medição da luz em áreas exteriores abertas

O método de medição da luz em interiores depende de quatro parâmetros: o objetivo da medição, a posição das luminárias, a área que as luminárias cobrem e o(s) dispositivo(s) ótico(s) utilizado(s) para as medições [47]. Normalmente, o dispositivo é concebido e fabricado com correção de cosseno e com uma opção de calibração adequada, automática ou manual. Deve evitar-se a presença de obstáculos de grandes dimensões que possam bloquear o percurso da luz recebida pelo sensor do dispositivo ou qualquer superfície ou objeto brilhante que possa acrescentar iluminação extra ao sensor, devendo o dispositivo ser colocado num solo plano e sólido. De acordo com a posição do sensor, é necessária a pré-determinação das direcções horizontal e vertical ou qualquer outra medição direcional requerida.

Para uma compreensão geral da medição da luz de uma superfície numa área exterior aberta, a técnica de medição em grelha para a direção horizontal dá melhores resultados. Na medição em grelha, toda a área deve ser dividida num número par de grelhas [48] que podem ser úteis para determinar os pontos médios de toda a área, tanto em altura como em comprimento. A posição e a altura das luminárias desempenham um papel importante na determinação da dimensão das grelhas. Em primeiro lugar, para uma medição deste tipo, considerando toda a superfície da área, a presença de luminárias e objectos é crucial. Normalmente, o tamanho da grelha deve ser metade da posição da luminária ou 4,58 metros, o que for menor. Para um padrão de 50 m^2 área de superfície pode ser dividida em 16 sub-áreas onde a luminária está em altura normal, a 2,5 metros do chão [49]. Recomenda-se igualmente que cada uma das subáreas seja medida no mínimo 4 vezes para obter a iluminação média aritmética para essa área específica. O procedimento de medição foi mostrado para a direção horizontal, uma vez que para este tipo de local apenas se utiliza a iluminação vertical. As medições verticais são efectuadas de 71 cm a 76 cm acima do solo. No meu trabalho, a altura para a medição vertical e as técnicas de medição múltipla foram utilizadas para minimizar o erro de medição.

3.7 Métodos de medição da luz em interiores

Para um ambiente de iluminação interior em que as luzes eléctricas são consideradas a principal fonte de iluminação, por exemplo, um ambiente de escritório, a altura de medição da luz deve ser de 71 cm a 76 cm. Esta altura é um plano de trabalho padrão que é também a altura padrão da secretária de um escritório [49]. As condições de iluminação interior não devem ser constantes durante todo o período de trabalho. Uma caraterística sintonizável que permita variar a luz em diferentes períodos do tempo ao ritmo da mudança da luz do dia pode dar um melhor resultado para a saúde dos ocupantes. Diferentes distribuições de potência espetral (SPD) da luz causam diferentes efeitos não visuais no ritmo circadiano dos ocupantes, uma vez que estes permanecem a maior parte do dia num ambiente de iluminação interior. Os investigadores descobriram que a irradiância ao nível dos olhos e, consequentemente, o seu impacto circadiano são os mesmos para a iluminação padrão CIE D50 e D55 nos ocupantes que trabalham num nível de iluminação padrão de secretária. Normalmente, o ambiente de iluminação dos escritórios também pode ser classificado em duas classes:

1. Locais de exposição solar
2. Locais excluídos da luz solar

Ambos os locais têm alguns méritos e deméritos. Em locais com luz solar direta, o nível de iluminação varia principalmente com a iluminação solar que varia durante o período de tempo; por exemplo, de manhã, por volta das 11 horas, o nível de iluminação numa altitude normal pode ser de cerca de 199 lx, às 12 horas, a meio do dia, pode ser de cerca de 262 lux, e à tarde, por volta das 16 horas, o nível de iluminação pode ser de 107 lx ou menos [50] quando a luz eléctrica cobre a falta de iluminação. A luz solar direta garante uma boa restituição de cor, pelo que a restituição de cor depende principalmente da luz solar [51]. Para um local excluído da luz solar direta, o nível mínimo de iluminação pode ser de 300 lux a 550 lux, variando de acordo com o objetivo de utilização, com uma boa restituição de cor, temperatura de cor correlacionada, uma instalação de regulação da intensidade da luz pode acrescentar um esforço extra, uma vez que o ocupante pode controlar o nível de iluminação conforme necessário, em comparação com a condição de luz solar exterior [52].

Para um ambiente de escritório interior, a deteção da iluminação média na direção horizontal é mais comum, exceto para qualquer finalidade especial de deteção da iluminação na direção vertical [53]. Toda a área de medição deve ser dividida em sub-quadrados de igual tamanho, efectuando a leitura no centro de cada um dos quadrados e encontrando a média aritmética. A utilização de uma grelha retangular relativamente densa de locais de medição é normalmente necessária em espaços obstruídos, sem geometria ortogonal ou com iluminação altamente não uniforme. Para espaços com rácios de cavidade habituais ou iluminação altamente não uniforme, como nos corredores em condições de iluminação de emergência, pode ser necessária uma grelha mais densa de pontos de medição. Para salas e posições de luminárias mais uniformes e simétricas, foi desenvolvido um método de levantamento uniforme para medir e comunicar os dados necessários para aplicações em interiores. O método foi considerado geralmente fiável com uma precisão de 10% [54]. Tem a vantagem de utilizar a média ponderada das medições efectuadas em locais selecionados para minimizar o número de medições necessárias. Dependendo da área, das propriedades simétricas, do número e da localização da luminária, foram padronizados 6 métodos de medição diferentes pelo comité da Illumination Engineering Society (IES) [54].

1. Área regular com luminárias espaçadas simetricamente em duas ou mais filas
2. Área regular com luminária única localizada simetricamente
3. Área regular com fila única e luminárias individuais
4. Área regular com duas ou mais filas contínuas de luminárias
5. Área regular com fila única de luminárias contínuas
6. Área regular com iluminação indireta uniforme

3.8 Área regular com luminária única localizada simetricamente

Dos seis tipos de medição de luz em interiores acima referidos, para efeitos da minha experiência, apenas foi aplicada a "área com luminária única simetricamente localizada", uma vez que a nossa superfície de medição tem uma forma quase quadrada e o painel de LEDs único desenvolvido está localizado no centro da superfície quadrada. Este tipo de iluminação também pode ser utilizado numa área de trabalho geral, num seminário ou numa sala de conferências. Os terminais de medição devem ser colocados sobre a superfície plana e o nível horizontal padrão de 71 cm a 76 cm. Os terminais de medição são classificados em três tipos: o compartimento interior situa-se no meio da área de medição, o meio compartimento situa-se nas duas extremidades da área de medição, a uma distância mínima de 60 cm da parede, e o quarto compartimento situa-se nos dois cantos da área de medição.

A luminária única é muitas vezes suficientemente brilhante e a luz dispersa a partir da fonte é homogénea através da utilização de um bom difusor, refletor ou lente(s) para dispersar a luz em todas as direcções corretamente. O método de medição da luz interior também foi aplicado numa mesa de trabalho para determinar a iluminação média e, mais tarde, na determinação da iluminação média da nossa cabina de luz, este método foi aplicado (fig. 22). Para mais informações sobre a medição, ver a secção 4.7. A iluminação média aritmética, $\bar{E}$, nesta área quadrada homogénea pode ser determinada a partir de,

$$\bar{E} = P$$

Onde,

P = média das medições efectuadas nas estações p-1, p-2, p-3 e p-4 nos quatro quartos de baía (fig.5).

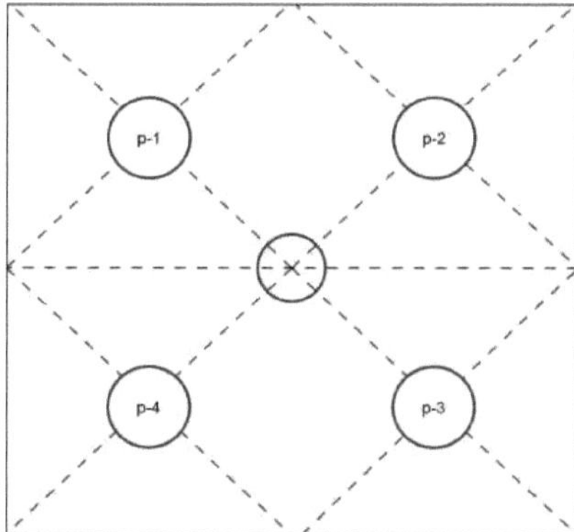

Figura 5: Área regular com terminais de medição de uma única luminária localizados simetricamente. A linha sólida quadrada representa a área onde a posição da luminária está no meio do círculo. *pl, p2, p3, p4* são os terminais de medição

Capítulo 4

Experiências, resultados e discussões

As principais discussões deste capítulo são as medições de luz em três locais específicos - exterior, área exterior aberta e interior com configuração constante com o espetrofotómetro Konica Minolta CL-500A. Posteriormente, uma análise mais aprofundada dos dados registados na área exterior e na área exterior aberta foi elaborada como uma média matemática para cada um dos meses separadamente, com duas horas específicas diferentes, 12 e 16 horas, para comparar o padrão de alteração da irradiância entre quatro meses diferentes. Em seguida, foi feita uma breve descrição da montagem da cabina de iluminação, dos métodos de medição, das posições dos dispositivos ópticos e da luminária utilizada, do nível de iluminação e das propriedades de restituição da cor dos painéis LED. Como trabalho de pré-conceção dos painéis LED, os pacotes LED foram testados em comparação com a configuração fornecida pelo fabricante e classificados corretamente para o desenvolvimento posterior dos painéis LED. Foram concebidos cinco painéis LED diferentes, aplicando diferentes padrões de matriz LED e mapeamento de irradiância para comparar os melhores resultados de luz. Os valores de irradiância dos painéis podem ser controlados pelas técnicas de mapeamento para cada um dos pacotes de LEDs separadamente, utilizando uma interface gráfica do utilizador (GUI) desenvolvida com o MATLAB, de forma automática ou manual. Finalmente, as propriedades da luz foram medidas e comparadas com os valores de propriedade padrão para determinar a compatibilidade dos painéis LED concebidos.

4.1 Aquisição de dados de irradiância da luz do dia

A Finlândia é um dos outros países nórdicos situados no extremo norte do hemisfério, no Círculo Polar Ártico. As coordenadas geográficas da Finlândia são: latitude 64° N e longitude 26 E °[55]. Devido a esta localização geográfica extrema, o raio de sol que atinge a superfície varia muito de estação para estação. Tal como outros países da Europa, a Finlândia também tem quatro estações e as condições de luz do dia são extremamente diferentes de uma estação para outra. De acordo com os dados do *Instituto Meteorológico Finlandês,* o inverno começa por volta de novembro, a primavera no início de abril, o verão no final de maio e o outono na última semana de agosto. Este período de tempo não é constante e pode variar mais ou menos todos os anos.

Para projetar um edifício ecológico nesta região utilizando a luz do dia da forma mais eficiente, é muito importante conhecer o padrão de mudança da luz do dia em cada uma das estações. Durante o verão, o sol nasce quase sempre acima do nível do horizonte e, durante o inverno, nasce quase sempre abaixo do nível do horizonte, o que torna mais difícil a conceção de edifícios ecológicos nesta região e é por isso que conhecer o padrão de mudança da luz do dia é muito importante.

Com o objetivo de conhecer o padrão de mudança da luz do dia, foram registados dados de luz do dia durante os meses de fevereiro a maio, o que dá uma boa visão geral da mudança da luz do dia do inverno para a primavera nesta região. Para o registo regular dos dados de irradiância, foram cuidadosamente selecionados dois locais específicos, tendo em conta a disponibilidade de luz do dia, os efeitos de sombra e brilho e outras condições ambientais, como a homogeneidade do solo. As medições foram efectuadas continuamente durante um período de quatro meses, de fevereiro a maio de 2015. Foram selecionados três dias por semana - segunda, terça e sexta-feira - e duas vezes por dia, durante o meio-dia às 12 horas e durante a tarde às 16 horas. As medições foram efectuadas durante 10 minutos em cada um dos locais. O estado do céu era extremamente variável de mês para mês, mesmo num único mês ou dia. De acordo com as três categorias de céu determinadas pela Illuminating Engineering Society of North America (IES), durante a aquisição dos dados relativos à luz do dia, o estado do céu era nublado, encoberto e limpo. As condições meteorológicas também foram extremamente variáveis, como queda de neve intensa, média e ligeira, chuva, vento forte e uma combinação de chuva e vento forte. Estas condições meteorológicas extremas podem ter um ligeiro impacto na aquisição de dados.

4.2 Dispositivos ópticos de medição

Foram utilizados três dispositivos de medição ótica para medições de luz no exterior, exterior aberto e interior, teste e classificação de pacotes de LED e teste de qualidade de painéis de LED concebidos. O primeiro dispositivo é o *Gigahertz-Optik-BTS256-LED Tester6,* utilizado para o fluxo luminoso e os dados espectrais de pequenas embalagens de LED montadas e não montadas no espetro visível. De acordo com o manual do utilizador do Gigahertz Optik BTS256, o dispositivo é capaz de efetuar medições ópticas na gama visível de 380 nm - 755 nm. O adaptador de tipo cónico com 10 mm de diâmetro de entrada é colocado sobre os pacotes de LED não montados para testar o seu comprimento de onda máximo e fluxo luminoso. O segundo dispositivo é o *Konica Minolta Illuminance Spectrophotometer CL-500A,* utilizado para registar dados de irradiância espetral da luz do dia na gama de 360 nm-780 nm com coordenadas de cromaticidade, temperatura de cor correlacionada (CCT), diferença de cor, d_{uv} do locus do corpo negro, E_v e comprimento de onda dominante. A calibração zero é necessária sempre que o aparelho é ligado. Os modelos espectrais, juntamente com o software de instalação do aparelho, foram utilizados para a transformação dos dados do aparelho. O terceiro dispositivo é o *Konica Minolta Chromameter CL-200,* utilizado para medir o nível de iluminação diretamente ao nível do horizonte, a fim de determinar a iluminação média dos painéis LED concebidos.

Para as medições da luz do dia no exterior, foram medidos cinco pontos direcionais diferentes, um na direção vertical e outros quatro nas direcções horizontais sul, oeste, norte e este (no sentido dos ponteiros do relógio). Para uma área exterior aberta, foram medidas quatro direcções horizontais, sul, oeste, norte e este (no sentido dos ponteiros do relógio), com o espetrofotómetro Konica Minolta CL-500A. Comparando com a posição normal do olho numa superfície plana, as direcções vertical ($\bar{E}_z$) e horizontal ($\bar{E}_h$) são mostradas na fig.7 abaixo.

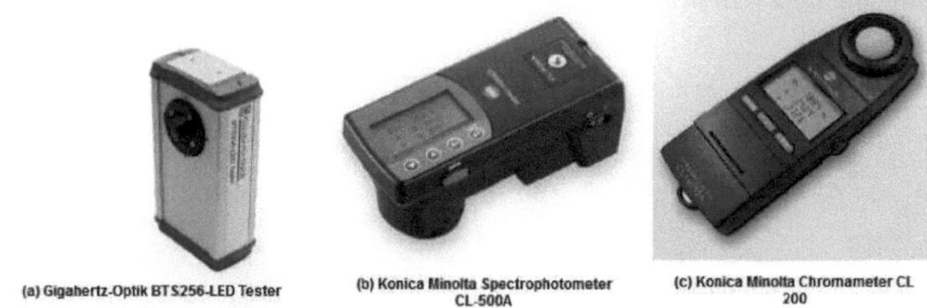

Figura 6: Dispositivos de medição, **(a)** Gigahertz-Optik-BTS256-LED Tester **(b)** Konica Minolta Illuminance Spectrophotometer CL-500A, **(c)** Konica Minolta Chromameter CL-200

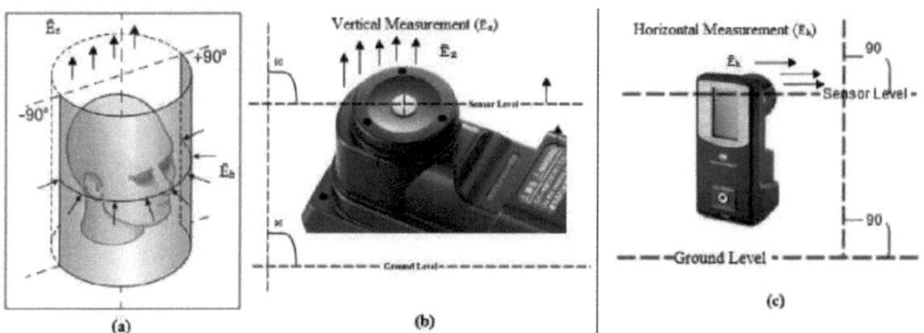

Figura 7: **(a)** direcções de medição vertical e horizontal em relação à posição do olho, **(b)** direção de medição vertical *em relação à* posição do sensor, **(c)** direção de medição horizontal *em relação à* posição do sensor

4.3 Aquisição de dados de irradiância da luz do dia no exterior

O local exterior está situado no parque de estacionamento da Arena, em Joensuu, Finlândia, com coordenadas geográficas, latitude 62°360N, longitude 29°440E, longe de edifícios próximos ou de outros obstáculos brilhantes de grandes dimensões que possam acrescentar um efeito de iluminação adicional à iluminação natural exacta da luz do dia. O local também está longe de árvores ou de quaisquer objectos de grandes dimensões que possam criar efeitos de sombra (fig.8) na aquisição de dados. O sol direto e o céu difuso são considerados como as únicas fontes de iluminação na medição da luz do dia nesse local exterior. Se a luz do dia for recebida pelos planos verticais ou horizontais, também pode ser calculada juntamente com a luz reflectida pelos objectos grandes visíveis nas proximidades e pelo solo. Matematicamente, a irradiância poluída detectada pelo sensor do dispositivo pode ser expressa como [3]:

$$E_z = E_d + E_{rb} + E_{rg}$$

Onde,

E_d = A luz do dia que vem diretamente do sol e do céu e atinge a superfície vertical

E_{rb} = A luz do dia reflectida pelos edifícios e outros obstáculos e que atinge a superfície vertical

E_{rg} = A luz do dia reflectida a partir do solo e que atinge a superfície vertical.

No terminal de medição exterior, os valores de E_{rb} e E_{rg} foram mantidos no mínimo (assumindo que ambos os valores são 0) na minha medição, o que poderia tornar a aquisição de dados ruidosa. O dispositivo de medição foi instalado numa superfície plana com uma altura fixa, utilizando um monopé a 165 cm do solo. Devido ao facto de a neve ter coberto o solo durante o inverno com uma espessura de 10 cm, durante a primavera a altura do monopé foi ajustada de acordo com esse nível para manter a consistência da altura. O solo circundante também era uniforme para uma grande extensão. Foram registadas intensivamente uma medição direcional vertical e quatro medições direcionais horizontais a sul, oeste, norte e este (no sentido dos ponteiros do relógio) da irradiação direta do sol.

Figura 8: Local de medição da luz natural no exterior; (a) a medição vertical de acordo com a posição do sensor do dispositivo (b) a

medição horizontal no ponto cardeal sul (c) a medição horizontal no ponto cardeal oeste (d) a medição horizontal no ponto cardeal norte (e) a medição horizontal no ponto cardeal leste; a altura foi selecionada de acordo com a posição dos olhos

4.4 Análise de dados de irradiância da luz do dia no exterior

A variação matemática da irradiância média para cada um dos quatro meses foi ilustrada para a direção vertical na fig.9 e para quatro direcções horizontais diferentes na fig.10-13. As linhas sólidas azuis, verdes, amarelas e vermelhas representam a irradiância média às 12 horas para fevereiro, março, abril e maio, respetivamente. As linhas tracejadas azuis, verdes, amarelas e vermelhas representam a irradiância às 16 horas, em fevereiro, março, abril e maio, respetivamente. Na análise dos dados de irradiância das áreas exteriores abertas, descrita na secção seguinte4.5, foi utilizado o mesmo padrão de cores20 para visualizar a mudança.

A partir da variação média da irradiância vertical, fig.9, é facilmente percetível que a variação da irradiância vertical é uniforme e tem aumentado gradualmente ao longo do tempo. As linhas sólidas indicam que a variação da irradiância a meio do dia, às 12 horas, é mais elevada do que os valores de irradiância da tarde, às 16 horas, com as linhas quebradas. Isto representa também o fim do inverno (fevereiro, março) e o início da primavera (abril, maio). Em maio, a irradiância

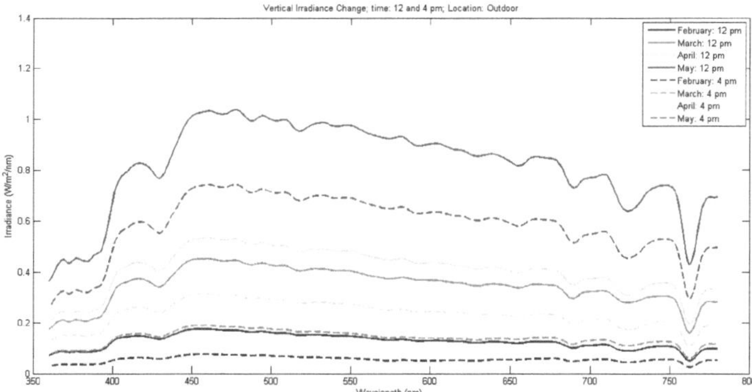

Figura 9: Variação da irradiância vertical ao longo de um período de quatro meses; as linhas sólidas azuis, verdes, amarelas e vermelhas referem-se a fevereiro, março, abril e maio, respetivamente, às 12 horas. As linhas tracejadas azuis, verdes, amarelas e vermelhas referem-se a fevereiro, março, abril e maio, respetivamente, às 16 horas

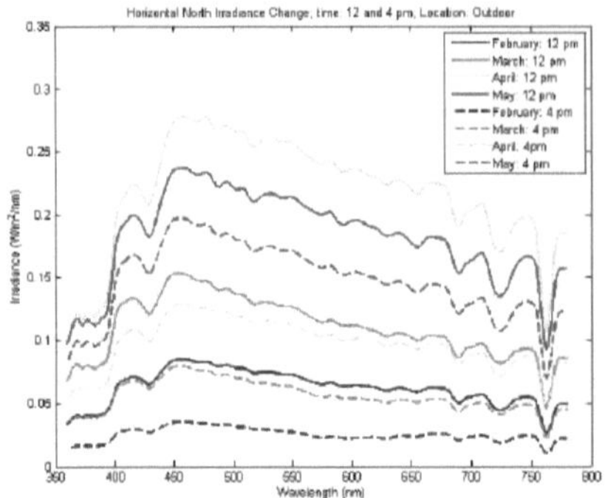

Figure 10: North directional irradiance change

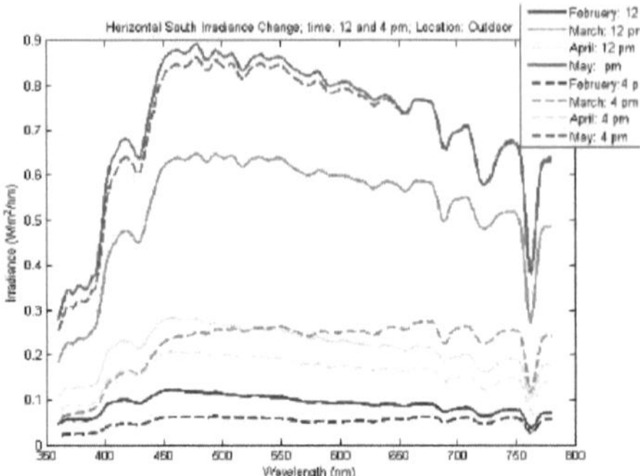

Figure 11: South directional irradiance change

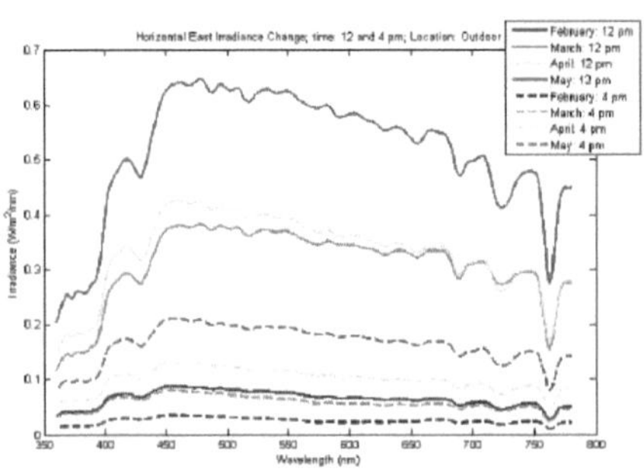

Figure 12: East directional irradiance change

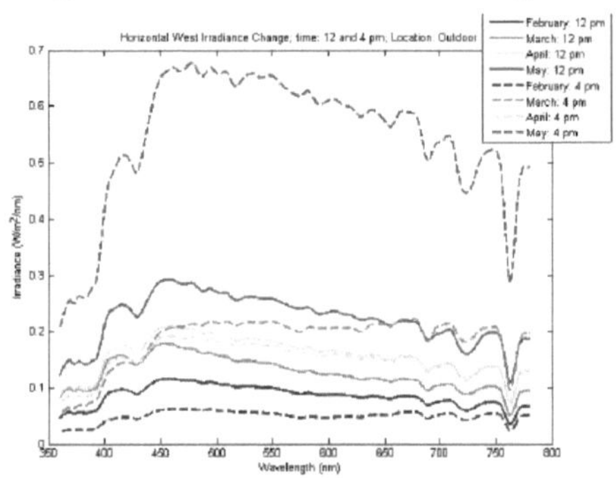

Figure 13: West directional irradiance change

Figura 14: Variação da irradiância horizontal ao longo de um período de quatro meses em quatro direcções cardeais: norte, sul, este e oeste no exterior. As linhas sólidas azuis, verdes, amarelas e vermelhas referem-se a fevereiro, março, abril e maio, respetivamente, às 12 horas; as linhas tracejadas azuis, verdes, amarelas e vermelhas referem-se a fevereiro, março, abril e maio, respetivamente, às 16 horas

foi dramaticamente aumentada devido à disponibilidade de luz solar. Como a medição direcional vertical é isenta de quaisquer outros factores ambientais, a alteração da irradiância depende apenas da altitude solar durante estes meses. Durante os meses de março e abril, o céu esteve nublado ou parcialmente nublado e a elevada dureza da atmosfera teve um impacto profundo nos valores da irradiância.

Os valores de irradiância horizontal são normalmente muito diferentes em diferentes orientações. Durante um dia claro, devido à ausência de nuvens, a distribuição da luminância do céu é homogénea [56], diferindo em cada uma das direcções separadamente. Durante um dia encoberto ou nublado, devido à ausência de sol direto nas quatro direcções horizontais, é quase igualmente homogénea, embora ainda haja uma grande variação [57]. Esta direção vertical depende totalmente da luz do dia recebida diretamente pelo sensor quando as outras quatro medições horizontais, em fevereiro, março e abril, tinham diferentes espessuras de neve no solo, afectadas pelas luzes reflectidas pela neve branca.

As quatro medições horizontais foram efectuadas nas direcções norte, sul, este e oeste. O ponto cardeal norte recebe uma irradiância bastante baixa devido à altitude do sol nessa posição. A alteração da irradiância ocorreu de forma irregular e há algumas sobreposições entre abril e maio às 12 horas, embora às 16 horas a irradiância tenha aumentado gradualmente10. O ponto cardeal sul recebe a irradiância mais elevada devido à altitude direta do sol. A alteração da irradiância ocorreu com um padrão irregular, especialmente durante os meses de março e abril. A Figura 11 mostra que a irradiância de março foi mais elevada do que a de abril, o que pode ter acontecido devido à existência de neve espessa em março, com elevada taxa de reflexão, e à falta de luz solar direta em ambos os meses. Nos pontos cardeais Este e Oeste, a variação da irradiância e os valores da irradiância são irregulares (12, 13). A leste, os valores da irradiância aumentaram de forma regular entre as 12 e as 16 horas, enquanto a oeste, frequentemente, a irradiância das 16 horas é mais elevada do que a das 12 horas, porque o sol da tarde está mais voltado para essa direção.

4.5 Aquisição de dados de irradiância da luz do dia exterior aberta

As coordenadas geográficas 62° 35'N, 29° 44'E foram selecionadas como local de medição exterior aberto. Trata-se do quinto andar a contar do solo na torre Network Oasis, da Universidade da Finlândia Oriental. As medições foram efectuadas atrás de uma janela de vidro da fachada sul com 245 cm x 177 cm e transmitância normal. Este quinto andar foi escolhido porque esta altura era suficiente para obter um nível horizontal que não fosse afetado pelas sombras de outros edifícios próximos. As medições foram efectuadas a 60 cm de distância da janela de vidro na direção norte. No ponto cardeal oeste do terminal de medição, existe uma parede normalmente pintada com uma superfície rugosa reflectida (4.6, as medições foram realizadas a uma distância suficiente da parede que não pode afetar a aquisição de dados à luz do dia. O ponto cardeal norte tem a presença de lâmpadas fluorescentes compactas (CFL). Estas lâmpadas têm definitivamente um grande impacto na aquisição de dados. Essa direção norte é uma combinação de luz do dia e luz eléctrica, o que se reflectiu na análise dos dados. Finalmente, no ponto cardeal Este, há uma janela de vidro opaco, embora devesse acrescentar alguma irradiância extra ao valor original da irradiância, mas, na verdade, não acrescentou quaisquer valores extra na aquisição de dados da fig. 15 devido à altitude do sol nessa posição, tanto às 12 como às 12 horas.

Figura 15: Local de medição da luz natural exterior aberta; (a) o local de medição situa-se no quinto andar da torre Network Oasis, que não tem sombras dos edifícios vizinhos (b) de acordo com a posição da janela da fachada sul, as direcções de medição horizontal sul e norte (c) a direção de medição horizontal cardinal oeste (d) a direção de medição horizontal cardinal leste

4.6 Análise de dados de irradiância da luz do dia exterior aberta

Na fig.16 e na fig.17, as alterações da irradiância a norte e a sul a nível horizontal foram ilustradas lado a lado. As linhas sólidas azuis, verdes, amarelas e vermelhas representam a variação da irradiância às 12 horas de fevereiro a maio, respetivamente, e as linhas quebradas azuis, verdes, amarelas e vermelhas representam a variação da irradiância às 16 horas de fevereiro a maio, respetivamente. No ponto cardeal norte, a variação da irradiância é muito irregular, sobretudo devido à presença de lâmpadas CFL. Os valores de irradiância são também muito baixos. Os espectros pontiagudos provam a presença de fluorescência. No ponto cardeal sul, a variação da irradiância ao longo do tempo é quase regular às 12 e às 16 horas, havendo também uma grande sobreposição entre os valores de irradiância de março e abril (fig. 17). Em maio, o valor da irradiância sofreu uma alteração drástica, quando a irradiância da tarde é superior à do meio-dia.

A variação da irradiância a leste e a oeste também é irregular. Na direção leste, o valor da irradiância quase aumentou num padrão regular, exceto algumas sobreposições comuns, o que mostra que a irradiância de março às 12 horas é mais elevada do que em qualquer outro mês18. Para o ponto cardeal oeste, a irradiância é mais elevada às 16 horas do que às 12 horas, devido à posição do sol. No final do inverno de fevereiro, os valores da irradiância ao meio-dia e à tarde são quase iguais. O mesmo aconteceu no mês de abril, mas a irradiância melhorou muito em maio (19).

No ponto cardeal leste da fig.18, o valor da irradiância muda de novo de forma muito irregular e há algumas sobreposições entre os meses. O padrão irregular mais dramático regista-se na fachada oeste. Devido à altitude do sol, o valor da irradiância sofre uma grande alteração no final da primavera, em maio, às 16 horas (fig.19).

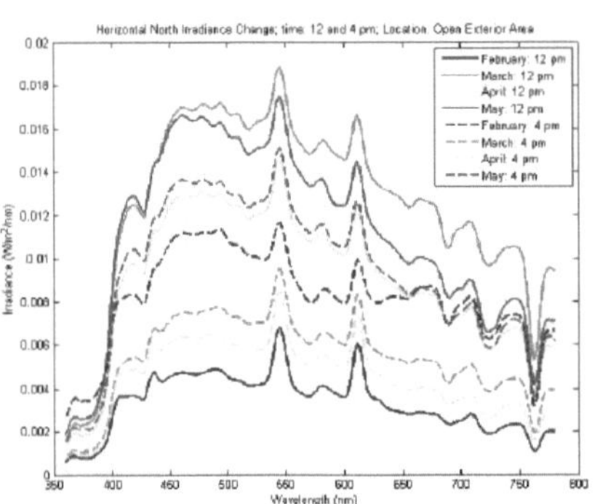

Figure 16: North directional irradiance change

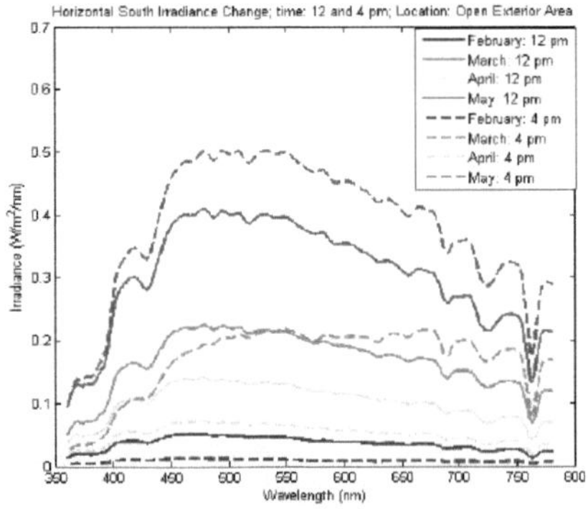

Figure 17: South directional irradiance change

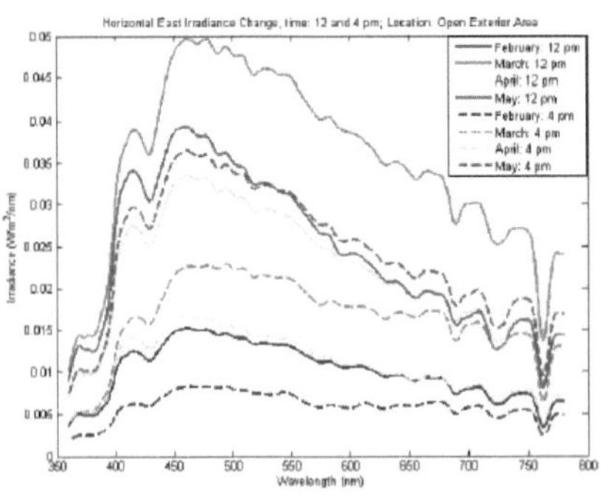

Figure 18: East directional irradiance change

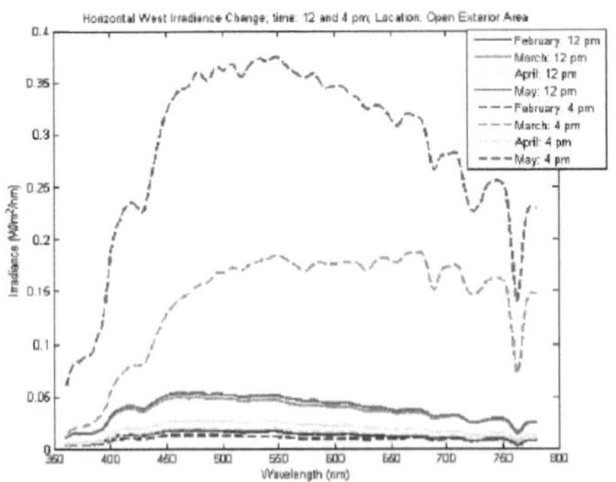

Figure 19: West directional irradiance change

Figura 20: Variação da irradiância horizontal ao longo de um período de quatro meses em quatro direcções cardeais: norte, sul, este e oeste numa área exterior aberta.

4.7 Configuração de cabine de luz para teste de painel de LED

Como mencionado na secção 3.8, no caso de uma área regular com uma única luminária simetricamente localizada, a nossa cabina de iluminação tem uma forma quase quadrada e os painéis LED foram pendurados no meio da superfície quadrada. Assim, para medir o nível médio de iluminação na direção horizontal, $\bar{E}_h = P$, foi utilizado este método de medição especial. Para instalar qualquer nova luminária, ou para verificar o desempenho de uma luminária existente no laboratório, geralmente é utilizada uma configuração simulada ou uma cabine de luz para encontrar a qualidade em diferentes pontos antes de ser aplicada no mundo real. São marcadas várias posições diferentes para efetuar as medições, dependendo da posição e da finalidade da luminária. Para conceber uma tal configuração para medir o nível de iluminância, são normalmente utilizadas técnicas de medição em grelha. O tamanho das grelhas é de 60 cm cada, mais ou menos de acordo com a área total que a luz cobre.

Para testar a qualidade dos painéis LED concebidos, foi montada a nossa cabina de iluminação. A cabina de iluminação (fig.21) tem 117 cm de comprimento e 115 cm de largura, a superfície da mesa é pintada de cinzento mate e toda a cabina é coberta com uma cortina preta espessa para impedir a luz ambiente e minimizar a reflexão interior. De baixo para cima, a cabina de iluminação tem 188 cm de altura e a superfície da mesa a partir do chão tem 71 cm, a altura normal de uma secretária de escritório. O painel LED foi pendurado no meio da cabina de iluminação através de um suporte ajustável que pode mover-se num ângulo máximo de 90° em cada direção a partir do eixo principal. O painel LED tem 33 cm de altura e foi instalado um difusor a 4 cm de distância do topo do painel LED. Com o difusor, a altura do painel é de 37 cm. A distância entre a base do painel LED e o topo da superfície da mesa é de 80 cm com o difusor e de 84 cm sem o difusor.

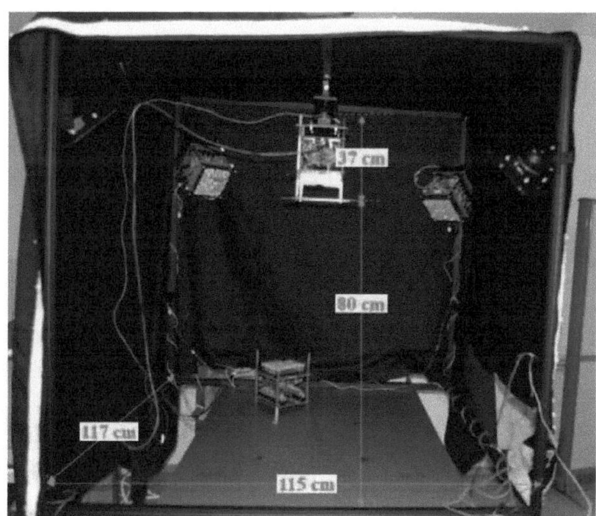

Figura 21: Configuração da cabina de iluminação de acordo com a posição do painel LED

A superfície da mesa foi marcada para medir o nível de iluminação vertical em diferentes pontos. Para determinar a iluminação média do painel LED, foram medidas duas iluminações médias totalmente diferentes ao nível do horizonte $\bar{E}_h$, utilizando as técnicas de iluminação média da Illuminating Engineering Society (IES) da América do Norte [58] e de iluminação média real [59].

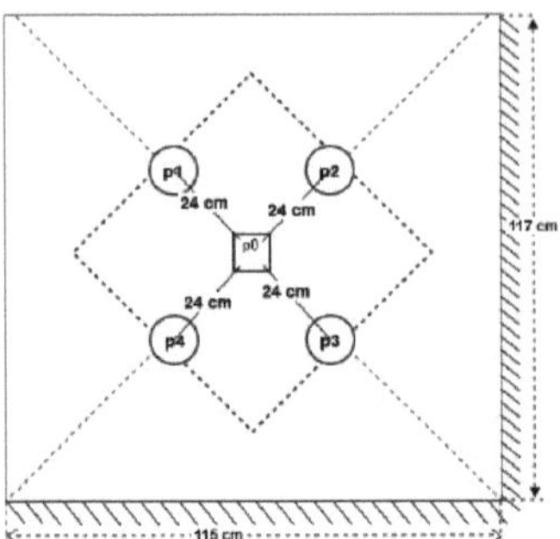

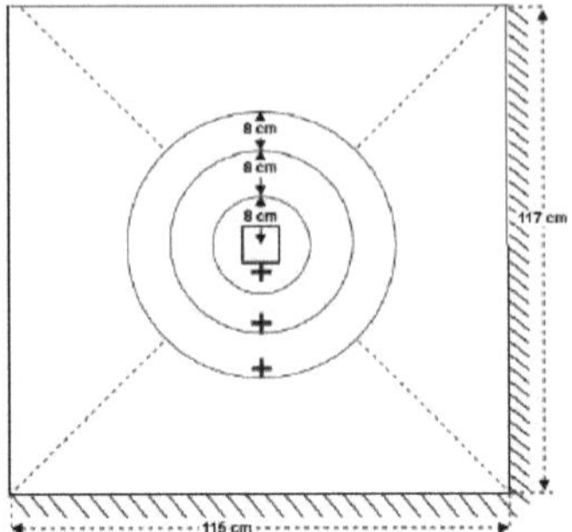

Figure 22: IES average illumination measurement method Figure 23: True average illumination measurement method

No método de medição da iluminação média do IES, foram medidos pontos de iluminação suficientes e, em seguida, calculada a iluminação média. Neste caso, p0 é a posição diretamente sob o painel de LED e P1, p2, p3 e p4 são os diferentes terminais de medição situados a 24 cm do centro de p0. J.R Cravath *et al. propuseram* um novo método de medição da iluminação média no seu novo artigo apresentado na conferência CIE [59]. De acordo com o seu método de medição da iluminação média, multiplica-se a iluminação pela área que a luminária cobre e, em seguida, calcula-se a média dessa área; este método é designado por técnica da média ponderada 23.

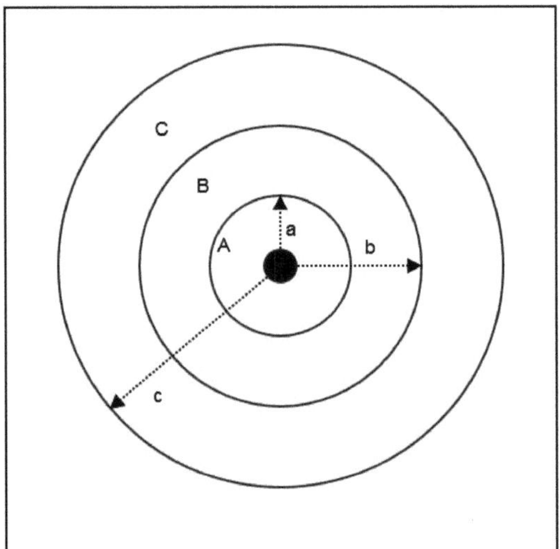

Figura 24: Técnica de medição do nível de iluminação médio real

No seu método, por exemplo, existem algumas áreas circuladas a partir do centro da luminária, de acordo com diferentes níveis de iluminação em cada um dos círculos. Para mais de uma luminária, podem ser usados diagramas geométricos para descobrir a área que a luminária cobre. Agora, para A o diâmetro é a, B é b e C é c (fig.24), então a iluminação média verdadeira será,

$$I_{avg} = \frac{\frac{\pi}{4}[a^2 \times I_A + (b^2 - a^2) \times I_B + (c^2 - b^2) \times I_C]}{\frac{\pi}{4}c^2}$$

Onde,

I_A = Iluminação da luminária A

I_B = Iluminação da luminária B

I_C = Iluminação da luminária C

4.8 Estrutura básica do pacote LED

Para fins de utilização diária, estão disponíveis no mercado diferentes tipos de luminárias com diferentes estilos e formas. Cada uma das luminárias tem as suas próprias aplicações, por exemplo, lavagem de parede, aplainamento de parede, spot light, holofote, luz de palco, luz de enseada, luminária geral, luz de visão direta. A eficiência luminosa das lâmpadas LED é maior do que qualquer outra lâmpada tradicional. Por exemplo, para uma geração padrão de 1600 lúmenes, em que a lâmpada incandescente requer 100 Watts, a lâmpada incandescente de halogéneo requer 77 Watts, a lâmpada fluorescente compacta requer 23 Watts, a lâmpada LED requer apenas 20 Watts [60]. Este facto torna a lâmpada LED melhor do que quaisquer outras fontes de luz. Além disso, as propriedades de reprodução de cores, a longevidade e a segurança da lâmpada LED são superiores às de outras lâmpadas. Embora atualmente a lâmpada fluorescente compacta seja um concorrente forte, o LED está a ultrapassá-la.

Os LED são fabricados sob a forma de pacotes em que cada um dos pacotes contém uma ou mais matrizes de LED com ligações ligadas por fios, elementos ópticos, interfaces mecânicas, eléctricas e térmicas [61]. O chip de LED é uma bolacha de cristal que foi fabricada de acordo com as normas ANSI para garantir um elevado nível de pureza química [61]. Comercialmente, numa embalagem de LED, o dado é montado numa base e ligado com fios. Todo o sistema é encapsulado com uma resina epóxi que proporciona a mais alta eficiência de fluxo [62]. O dissipador de calor é instalado quando o pacote LED é incorporado em luminárias LED. Na bolacha do semicondutor, o díodo do tipo p é substituído por um díodo do tipo n para a conceção da junção p-n no pacote (25) [63].

De acordo com a posição da emissão de luz do pacote de LED, este pode ser categorizado em três classes diferentes [64].

1. emissor de superfície LED
2. LED de emissão de borda
3. super luminescência LED

A utilização mais geral do pacote LED para fins comerciais é a geração de luz branca. A temperatura de cor correlacionada (CCT) dessa luz branca é geralmente utilizada em 2700K (branco quente), 3500k (branco neutro) e 6500K (branco frio) [65]. Existem

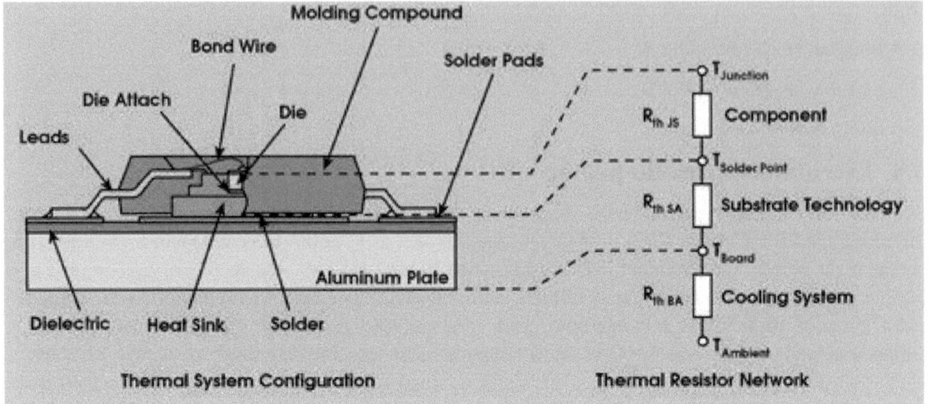

Figura 25: A secção transversal de um pacote de LEDs mostra um LED típico de 1 Watt de alto brilho e a configuração do sistema térmico associado [64]

Há muitas formas de gerar luz branca utilizando diferentes tipos de LEDs. Cada um dos métodos tem as suas próprias vantagens e desvantagens. Alguns dos métodos mais utilizados são [62]:

1. Converter uma radiação ótica de comprimento de onda curto (comprimento de onda azul) com um fósforo amarelo de conversação descendente para criar um SPD de emissão larga.

2. Combinar vários LEDs de banda estreita utilizando a mistura de cores aditivas (RGB).

3. LED UV com fósforo RGB, em que a luz UV é utilizada no fósforo para gerar luz vermelha, verde e azul, que depois se misturam para gerar luz branca.

Embora o LED tenha mais vantagens do que as fontes de luz tradicionais, continua a ter alguns inconvenientes graves. Algumas das principais desvantagens podem ser a gestão do calor, a cintilação e os problemas de encandeamento. Outro grande problema para a electroluminância, como o LED, é a alteração do comprimento de onda em função do calor emitido pelas embalagens. Dado que a luz LED tem um tempo de vida longo, este problema pode criar uma diferença percetível na emissão de luz, na temperatura de cor correlacionada (CCT) e no índice de restituição de cor [66]. Por exemplo, *o AlGaN* é utilizado para produzir luz verde de alta intensidade, mas devido ao aumento da temperatura, cada vez mais a onda verde passa para a onda vermelha, o que se designa por desvio para o vermelho, e se a temperatura for reduzida, dá-se o incidente oposto, designado por desvio para o azul. Existe uma relação estreita entre o intervalo de energia, E_g , o comprimento de onda máximo λ e a temperatura de emissão T. A relação pode ser descrita da seguinte forma [66],

$$E_g \propto \frac{1}{\lambda}$$

Onde,

E_g = Diferença de energia

λ = Comprimento de onda dominante

Por outro lado, a relação entre o intervalo de energia e o aumento da temperatura é [66],

$$E_g \propto \frac{1}{T}$$

Assim, em conjunto, pode dizer-se que $\lambda \propto T$; quanto mais e mais a temperatura aumenta, mais e mais o pico do comprimento de onda se desloca para o comprimento de onda maior, designado por desvio para o vermelho.

4.9 Pré - Painéis de LEDs Trabalho de conceção

Antes de conceber o painel de LED, todos os pacotes de LED disponíveis no laboratório foram testados para encontrar os seus valores máximos de comprimento de onda e de irradiância utilizando o Gigahertz-Optik-BTS-256 LED Tester e o espetrofotómetro Konica Minolta CL-500A. Foram concebidas duas configurações temporárias com os dispositivos para reforçar o sistema de medição.

Verificou-se que, muitas vezes, os dados fornecidos pelo fabricante não são iguais aos dados testados, por exemplo, o comprimento de onda de pico é muitas vezes ± 10 nm diferente do comprimento de onda real fornecido pelo fabricante, bem como o mesmo resultado para o valor da irradiância. Todos os pacotes de LED são testados e rotulados de acordo com o comprimento de onda de pico correto para investigação futura. No total, 32 pacotes de LED estão disponíveis com etiqueta, apenas um pacote foi encontrado sem etiqueta, sendo muito difícil categorizá-lo com dados espectrais e aparência física. Na tabela 5, são apresentados os dados de 32 pacotes de LED diferentes, juntamente com os valores E_v testados, as coordenadas de cromaticidade (x,y) e os comprimentos de onda máximos. Apenas os pacotes de LED mais brilhantes com valores de irradiância mais elevados estão a ser selecionados para realizar mais testes com diferentes painéis de LED, tendo sido selecionados 13 pacotes de LED mais brilhantes.

O espetro de todos os 32 pacotes de LEDs foi ilustrado na fig.26. A partir da figura, nota-se que, entre os 32 pacotes de LED, a maioria dos pacotes de LED tem valores de irradiância baixos, apenas 13 pacotes de LED foram encontrados com irradiância elevada, que foram utilizados para conceber o painel de matriz circular de 13 LED, cujos detalhes são descritos na secção 4.14.

4.10 Conceção de painéis LED

Foram concebidas duas placas de ensaio separadas com quatro padrões de matriz diferentes e cinco mapeamentos de irradiância diferentes com 5 fontes de alimentação de tensão em cada um dos painéis. Cada uma das placas de ensaio é composta por 252 suportes de LED. A mistura aditiva de cores e o teorema da cor do processo adversário [67] foram utilizados para conceber os painéis e gerar luz branca utilizável. O primeiro painel de LEDs foi utilizado para três padrões matriciais diferentes [68] com pacotes de LEDs vermelhos, verdes, azuis e âmbar e o segundo painel de LEDs foi utilizado para usar 13 pacotes de LEDs de irradiância mais brilhante [69]. Os valores de irradiância de cada um dos pacotes de LED podem ser mapeados com uma interface gráfica do utilizador (GUI) desenvolvida com programação MATLAB.

A conceção de uma luminária LED comercial segue 6 passos, respetivamente [70]:

Número de fabrico	Ev	x	y	Comprimento de onda de pico (nm)
HLMP-EG2BXY0DD	14.4	0.6952	0.3045	631
L-53MBC	0.1	0.1541	0.0425	425
HLMP-CB3A-UV0DD	6.7	0.1302	0.0670	466
L5-G81N-GUV	32.5	0.1946	0.7243	525
HLMP-3950	0.7	0.4491	0.5482	566
L5-N52N-FTU	11.9	0.4331	0.3896	592
L-53MBTL	0.1	0.1530	0.0371	427
L-53VGC	18.2	0.1511	0.7174	518
HB5D-4333EBA-D	6.6	0.0708	0.4676	497

OSM54L5111P	25.5	0.4255	0.4053	629
HLMP-EL15-UX000	8.1	0.5677	0.4316	591
OSV6YL5111A	0.1	0.1706	0.0076	410
L-53SRC-F	3.2	0.7189	0.2811	654
L-7113SYC	7.3	0.5971	0.4023	596
333-2SDRC/H0/S400/A6	1.5	0.7174	0.2824	655
L/7113ZGC	26.6	0.1443	0.7221	517
L-53SEC	4.8	0.6610	0.3387	614
WW05A3SB04-N	11.3	0.1380	0.0493	461
LL-504BGC2E-G3-1BC	36.8	0.0692	0.5698	501
1224UYOC/S530-A6	0.4	0.6563	0.3434	612
LL-503UGC-2E-2BC	0.7	0.4545	0.5440	571
L-7113HD	0.0	0.6532	0.3280	710
L-53SYDK	1.1	0.5930	0.4064	595
WW05A3AYP4-N	9.1	0.5716	0.4277	592
WW05A3SWT4-N	32.4	0.2886	0.2902	448
WW05A3SRP4-N	18.9	0.6926	0.3072	631
HLMP-EL3B-WXKDD	9.4	0.5800	0.4194	594
383-2UBGC	9.5	0.0909	0.6278	506
1224USOC/S530-A6	0.6	0.6796	0.3198	624
L-7113SRC-E	2.3	0.7146	0.2848	649
383UBC/H2	0.1	0.1537	0.0371	427
SEM RÓTULO	3.2	0.7186	0.2814	653

Tabela 5: Comprimentos de onda máximos para todos os 32 pacotes de LED testados

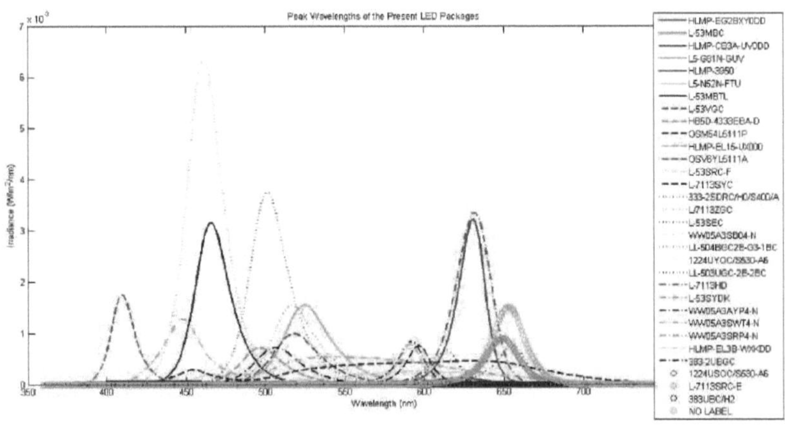

Figura 26: Valores de irradiância de 32 pacotes de LEDs

1. **Definir os requisitos de iluminação:** os objectivos principais devem basear-se no desempenho de uma luminária existente ou nos requisitos de iluminação da aplicação.

2. **Definir os objectivos da conceção:** antes de iniciar o processo de conceção, devem ser

determinados os objectivos, que se basearão nos requisitos de iluminação da aplicação.

3. **Estimar a eficiência dos sistemas ótico, térmico e elétrico:** para uma aplicação real das luminárias, os sistemas ótico, térmico e elétrico são importantes. É possível fazer boas estimativas da eficiência de cada sistema com base nestes condicionalismos. A combinação dos objectivos de iluminação e da eficiência do sistema determinará o número de LEDs necessários na luminária.

4. **Calcular o número de LEDs necessários:** com base nos objectivos do projeto e nas perdas prováveis estimadas, é possível calcular o número de pacotes de LEDs necessários para realizar o projeto.

5. **Considere todas as possibilidades de conceção e escolha a melhor:** como em qualquer conceção, existem muitas formas diferentes de atingir os objectivos da conceção. A iluminação LED ainda é um domínio novo, pelo que os pressupostos que funcionam para as fontes de iluminação convencionais podem não se aplicar à conceção da iluminação LED.

6. **Concluir as etapas finais:** completar o esquema da placa de circuitos. Testar as escolhas de design construindo um protótipo de luminária. Certifique-se de que o projeto atinge todos os objectivos. Utilizar o protótipo para aperfeiçoar o projeto da luminária. Registar as observações e ideias de melhoria.

Na nossa conceção de painéis LED, estes seis passos foram seguidos de acordo com a sequência correta para obter o melhor resultado dos diferentes painéis concebidos.

4.11 Painel LED com padrão de matriz de coluna RGBA

Foi utilizado um total de 224 pacotes de LEDs num painel de matriz de 14 x 16 LEDs, com cada um dos pacotes de LEDs em quatro filas cada, o total de LEDs de cada tipo é de 14 x 4, 56. Foi utilizado o mesmo número de LEDs para obter a curva optimizada fornecida pela Monash University, Malásia. A curva espetral alvo foi normalizada e optimizada de acordo com a irradiância para obter o fator de ação circadiano (CAF) mais elevado. Para este painel e para os outros dois painéis RGBA seguintes, com diferentes padrões de matriz de pacotes de LED (subsecções 4.12 e 4.13), o fator de ação circadiana (CAF) situa-se na gama de 0,773-1,135 com a gama de lux melanópica 231,796-340,589.

Número de fabrico	Cor da embalagem	Comprimento de onda de pico (nm)	Número total utilizado
WW05A3SRP4-N	Vermelho	625	54
HLMP-EL15VX000	Âmbar	601	54
L-53VGC	Verde	520	54
WW05A35BQ4-N	458	458	54

Tabela 6: Padrão de matriz de colunas RGBA, os pacotes de LED que foram utilizados com o número de fabrico, a cor do pacote, o comprimento de onda dominante e o número total dos que foram utilizados.

As ilustrações do painel LED com padrão de matriz de colunas são mostradas na fig.27 abaixo, onde cada cor representa cada pacote de LED com o comprimento de onda de pico.

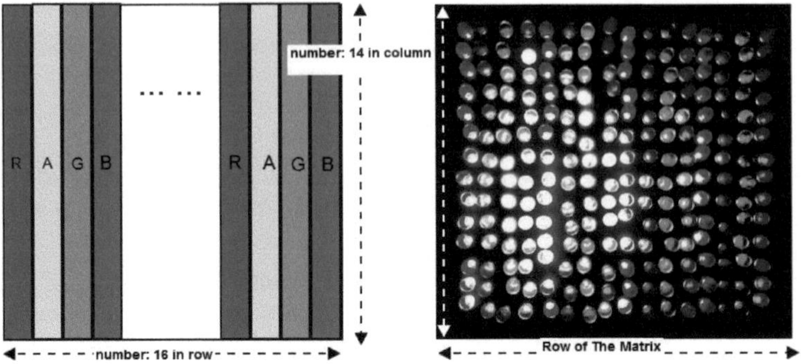

Figura 27: Visualização da conceção do painel LED com padrão de matriz de colunas RGBA.

O espetro alvo (linha sólida azul) e o espetro obtido (linha sólida verde) são apresentados de seguida. Existe uma grande diferença entre o espetro alvo e o espetro obtido, uma vez que foram utilizados diferentes tipos de pacotes e sistemas de LED. Para uma melhor ilustração, o espetro obtido foi ampliado 5x vezes através do mapeamento da irradiância para coincidir com o espetro alvo, tendo sido testado o padrão da matriz LED seguinte, descrito nas secções 4.12 e 4.13.

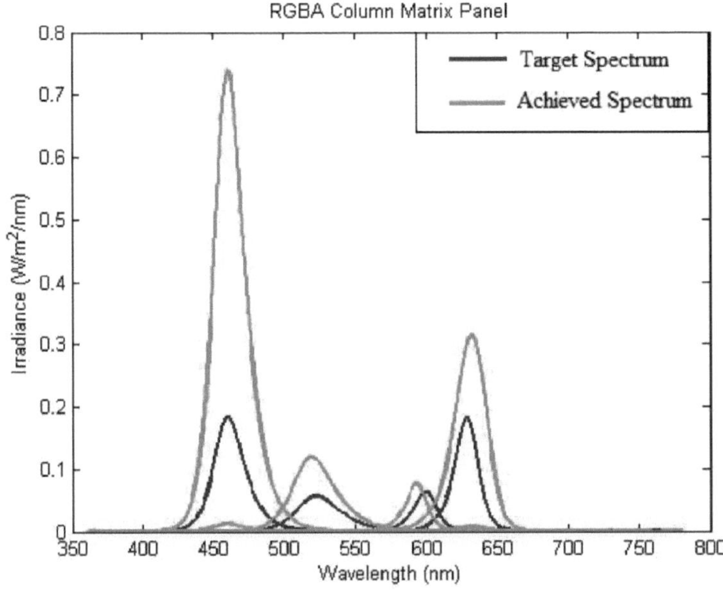

Figura 28: Espectro do painel LED com padrão de matriz de colunas RGBA; as linhas azul e verde são o espetro-alvo e o espetro de ganho, respetivamente.

4.12 Painel LED com padrão de matriz circular RGBA

O segundo painel LED que foi desenvolvido com uma disposição circular com os pacotes LED anteriormente utilizados. No espetro obtido anteriormente, havia uma grande diferença entre o espetro alvo e o espetro obtido. Com o possível mapeamento do valor de irradiância com a GUI, não era ainda possível arredondar a irradiância de 4 pacotes de LED diferentes. Verificou-se que a diferença entre o vermelho e o azul é realmente enorme. Além disso, como no painel LED anterior, a irradiância do âmbar é muito baixa, neste painel foram utilizados novos pacotes de LED âmbar (HLMP-EL3B-WXKDD), que têm o mesmo comprimento de onda de pico que o primeiro tipo de âmbar (WW05A3AYP4-N), mas com um valor de irradiância mais brilhante. No total, foram utilizados 252 pacotes de LED com o mesmo número, 63 de cada. O valor da irradiância também foi controlado com o GUI em cada um dos triângulos dos mesmos pacotes de LED, de acordo com o espetro-alvo.

Número de fabrico	Cor da embalagem	Comprimento de onda de pico (nm)	Número total utilizado
L-53SRC-F	Vermelho	625	63
HLMP-EL3B-WXKDD	Amberl	601	51
WW05A3AYP4-N	Âmbar2	601	12
L5-G81N-GUV	Verde	520	63
HLMP-CB3A-UVODD	Azul	458	63

Tabela 7: Conceção do painel LED com padrão de matriz circular RGBA, pacotes de LED utilizados com número de fabrico, cor, comprimento de onda dominante e número total que foi utilizado.

Na conceção deste painel, foi aplicada a teoria da cor do processo do oponente em cada um dos triângulos (fig.30), uma vez que o vermelho-verde e o azul-âmbar se encontram na direção oposta. Neste painel, como não temos amarelo, apesar dessa cor, o âmbar foi considerado como o oponente do azul, uma vez que tem um comprimento de onda próximo do amarelo. Como não há reflectores convexos ou côncavos que possam apontar todos os feixes de cores diferentes para uma superfície de ponto homogéneo, o objetivo e a expetativa deste padrão é receber luz branca pelo menos no centro do painel. Todos os pacotes de LED emitem um feixe reto, pelo que, especialmente no centro, as proporções de cada um dos pacotes de LED foram cuidadosamente inseridas de acordo com o valor de brilho e irradiância.

Na curva de distribuição da irradiância, as linhas sólidas azuis representam os espectros alvo; a linha sólida verde representa os espectros obtidos. A partir deste painel, foi instalado um difusor de plástico a 4 cm do topo do pacote de LEDs para obter uma luz mais homogénea na superfície. Na fig.30, a linha sólida vermelha é o espetro com difusor que diminui o pico de cada um dos pacotes de LEDs, especialmente a maior dispersão ocorreu na região da câmara vermelha devido ao efeito de dispersão de Rayleigh,

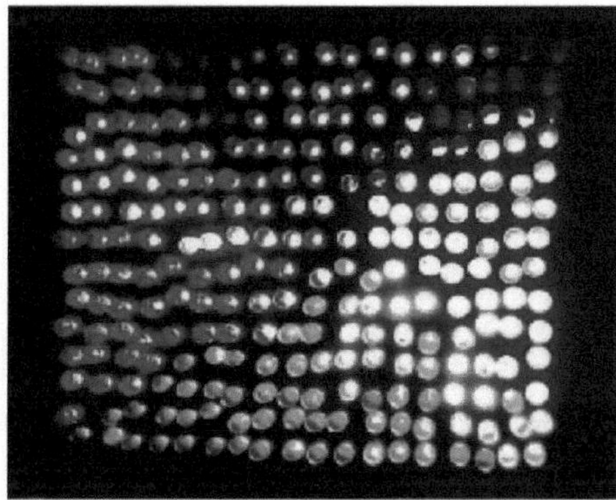

Figura 29: Painel LED com padrão de matriz circular RGBA, as cores vermelha, verde, azul e âmbar representam os pacotes de LED

relevantes, respetivamente.

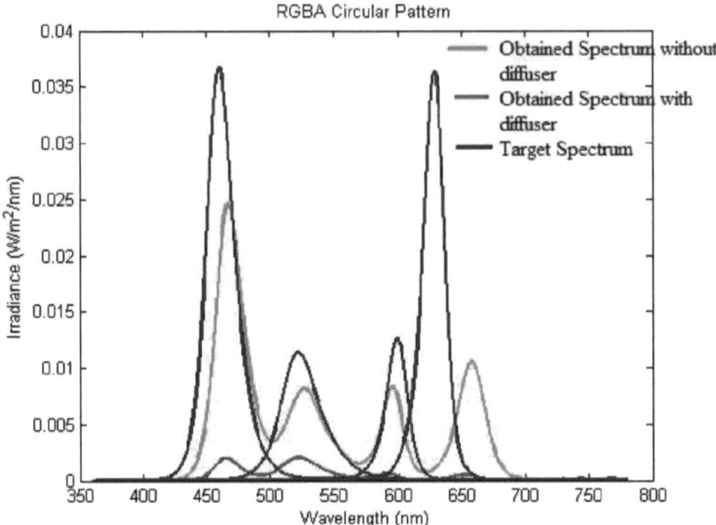

Figura 30: Espectro do painel LED com padrão de matriz circular RGBA, a linha sólida azul é o espetro alvo, as linhas verde e vermelha são o espetro de ganho sem e com difusor, respetivamente.

4.13 Painel de padrão de matriz circular aleatória RGBA

Embora a irradiância mais brilhante dos pacotes de LED âmbar e vermelho tenha sido utilizada no painel LED anterior, a diferença entre o pico azul e o pico âmbar-vermelho não é a mesma do espetro-alvo. Neste terceiro painel LED com pacotes de LED RGBA, o número de pacotes de LED azuis foi reduzido e o número de pacotes de LED âmbar foi aumentado. Isto foi efectuado como mapeamento da irradiância com o GUI. Como tal, não foi possível simplificar o comprimento de onda do pico entre os diferentes picos dominantes. O rácio de azul e âmbar foi utilizado em 1 : 3 e a posição dos pacotes de azul e âmbar também foi aleatória. No total, foram instaladas 100 peças de pacotes de LED âmbar e 32 peças de pacotes azuis na placa de ensaio de LED. De acordo com a proporção de cada um dos picos, os pacotes de LEDs vermelhos e verdes também foram redesenhados.

Número de fabrico	Cor da embalagem	Comprimento de onda de pico (nm)	Número total utilizado
L-53SRC-F	Vermelho	625	55
HLMP-EL3B-WXKDD	Âmbar	601	51
WW05A3AYP4-N	Âmbar	601	49
L5-G81N-GUV	Verde	520	65
HLMP-CB3A-UVODD	Azul	458	32

Tabela 8: Conceção de painéis LED de padrão de matriz circular aleatória RGBA com o número do fabricante, a cor, o comprimento de onda dominante em nm e o número que foi utilizado para cada um dos pacotes

Tendo em conta a teoria da cor do oponente, os triângulos vermelho-verde foram instalados em dois lados opostos para obter uma luz mais branca no centro do painel.

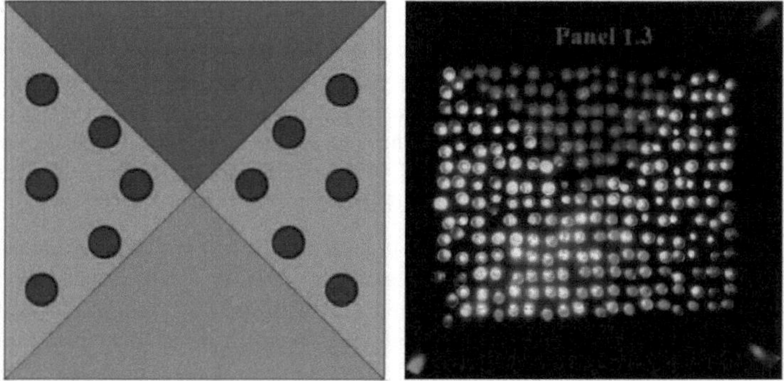

Figura 31: Painel de LEDs com padrão de matriz circular aleatória RGBA, cada uma das cores representa pacotes de LEDs relevantes, o círculo azul no triângulo âmbar significa a posição aleatória do pacote de LEDs azuis no pacote de LEDs âmbar na proporção de 1:3.

Na fig.32, a linha sólida azul é o espetro alvo e a linha sólida verde é o espetro obtido sem a utilização do difusor, existe uma grande diferença e também nos picos. Mas, após a utilização do difusor (linha sólida vermelha), a irradiância torna-se quase igual e fornece a melhor luz branca em comparação com os outros dois painéis LED anteriores.

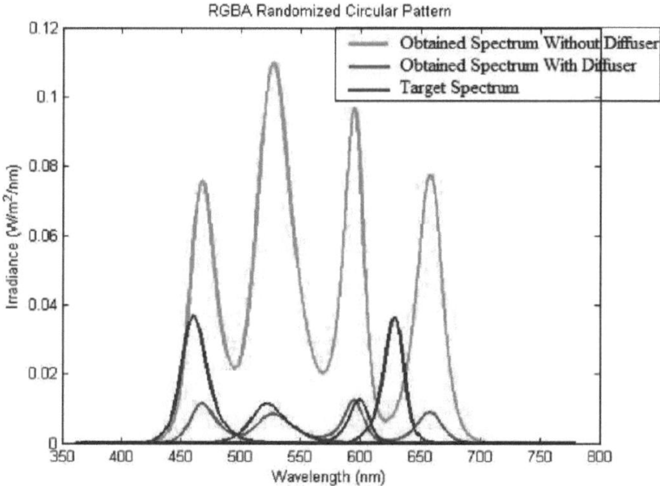

Figura 32: Espectro do painel LED com padrão de matriz circular aleatório RGBA, a linha azul é o espetro alvo, as linhas verde e vermelha são o espetro de ganho sem e com difusor, respetivamente.

4.14 Painel circular de 13 LEDs para Lux melanópica máxima e mínima

Dos 32 pacotes de LEDs testados anteriormente (fig.5), foram separados 13 pacotes de LEDs com o valor de irradiância mais brilhante. No total, foram utilizados 252 pacotes de LED com cerca de 13 pacotes de LED de cada um dos comprimentos de onda dominantes. No quadro 9, são apresentados os números totais para cada um dos 13 pacotes de LED que foram utilizados na conceção deste painel de LED específico. Cada um desses valores de irradiância foi normalizado em relação ao valor de irradiância mais elevado encontrado. Os dados de irradiância normalizados foram depois optimizados pela Universidade Monash, Malásia, de acordo com os factores de ação circadiana (CAF) mais elevados, utilizando o seu sistema desenvolvido.

Os factores de ação circadiana mais elevados foram obtidos na gama de 1,012-1,181. Juntamente com o aumento dos factores de ação circadiana, os valores de lux melanópica também aumentam gradualmente. Na tabela seguinte.10 são apresentadas as 8 iterações com os 13 pacotes de LEDs que dão os factores de ação circadiana mais elevados por ordem crescente. Entre os valores das 8 iterações, o valor máximo de lux melanópica 354,447 e o valor mínimo de lux melanópica 303,725 foram considerados para a conceção dos painéis LED.

A mistura aditiva de cores e o teorema da cor do processo do oponente foram novamente utilizados para a conceção deste painel, tendo as quatro zonas vermelho-verde e azul-âmbar sido divididas de acordo com o comprimento de onda da cor dominante mais próxima. Como foi utilizado o mesmo padrão para o fluxo melanópico máximo e mínimo, os valores de irradiância foram mapeados diretamente pelo GUI. A tabela 9, coluna 5th e 6th , mostra o mapeamento dos valores de irradiância para o fluxo melanópico máximo e mínimo, respetivamente.

Número de fabrico	Cor da embalagem	Comprimento de onda de pico	Número total utilizado	Máximo. Rácio de mapeamento	Mín. Rácio de mapeamento
L53SRC-F	Vermelho	652	19	20	33
L7113SRC-E	Vermelho	651	19	5	54
HLMPEG2BXYODD	Laranja	631	19	10	79
WW05A3SRP4-N	Laranja	632	19	84	107
WW05A3AYP4N	Âmbar	591	38	120	135
HLMP-EL3B-WXKDD	Âmbar	594	6	133	105
L5-G81N-GUV	Verde	524	19	89	71
L7113ZGC	Verde	516	19	18	71
L-53VGC	Verde	518	6	5	41
OSV6YL5111A	Púrpura	409	19	41	69
WW05A3SBQ4-N	Azul	460	19	171	163
HLMPCB3AUVODD	Azul	465	19	64	41
LL504BGCG32BC	Ciano	501	19	158	71

Tabela 9: Conceção do painel matricial circular de 13 LED, o número de fabrico é indicado com o comprimento de onda dominante e a cor dominante com os pacotes de LED utilizados para cada uma das classes.

Número de Iterações	Fator de Ação Circadiana (CAF)	Melanopic-Lux
1	1.012	303.725
2	1.028	308.398
3	1.03	309.072
4	1.134	340.175
5	1.147	344.235
6	1.65	349.619
7	1.68	350.495
8	1.181	354.447

Tabela 10: São aqui apresentados os valores CAF e Melanopic-Lux de 13 painéis LED para 8 passos de iteração diferentes. Entre estas 8 iterações diferentes, os valores de lux melanópico da primeira linha e da última linha, que são os valores mais altos e mais baixos, são tomados em consideração para o ensaio do painel LED concebido

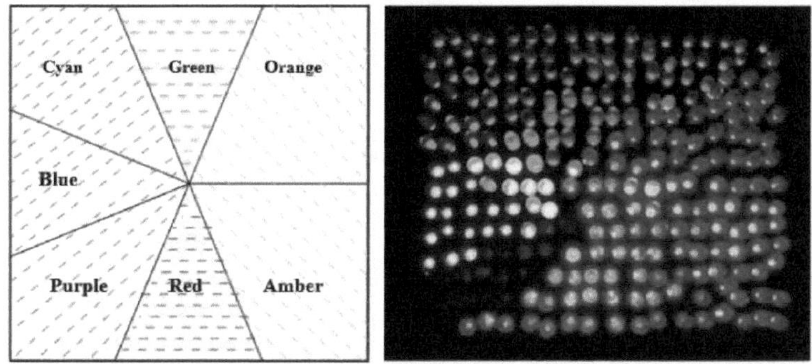

Figura 33: Painel com padrão de matriz circular de 13 LEDs

Na fig. 34, o espetro foi ilustrado para o fluxo melanópico máximo e o fluxo melanópico mínimo. A linha sólida vermelha representa os espectros sem utilização de difusor e a linha sólida amarela representa os espectros com difusor. Para o mínimo de lux melanópico, a linha verde representa os espectros obtidos sem difusor e a linha azul representa os espectros com difusor. Quanto aos espectros-alvo, apenas foram recebidos os valores CAF e melanópicos, pelo que os espectros-alvo não puderam ser ilustrados.

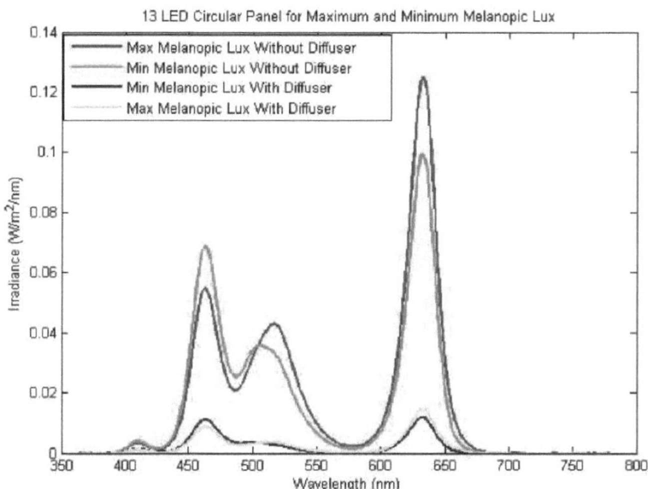

Figura 34: Espectro do painel matricial circular de 13 LED, as cores dos comprimentos de onda dominantes foram indicadas na figura da esquerda. Os comprimentos de onda dominantes próximos foram mantidos juntos após a utilização do teorema da cor do oponente

4.15 Teste de qualidade do painel LED

Os painéis LED projectados foram testados na configuração da cabina de luz. Um teste de luminária requer quatro testes de qualidade de acordo com as normas europeias (ETAP: EN-12464- 1):

1. **Iluminação mínima** $\bar{E}_m$: A iluminação média mínima exigida por tarefa ($\bar{E}_m$) deve situar-se entre 300 lx-1000 lx, dependendo do objetivo. A norma europeia no nível horizontal é $\bar{E}_h > 500$ e no nível vertical é $\bar{E}_z = 500$lx.

2. **Índice mínimo de restituição de cores exigido** (R_a)**:** O requisito mínimo do índice de restituição

de cores (CRI) é de 80 ou mais para um ambiente de escritório. O índice de restituição de cor igual ou superior a 90 é considerado uma qualidade de restituição excelente.

3. **Classificação máxima unificada do encandeamento** (UGR_L **):** Para um ambiente de escritório típico, a UGR_L deve ser igual ou inferior a 19

4. **Uniformidade mínima** (U_0 **):** O valor padrão da uniformidade de uma superfície é de 0,6

No ensaio do painel LED concebido, foram testadas as duas primeiras qualidades, o nível mínimo de iluminação ($\bar{E}_m$) e o índice mínimo de restituição de cor (Ra).

4.16 Iluminação média ($\bar{E}_h$) no nível do horizonte

O nível médio de iluminação para cada um dos 5 painéis LED é apresentado na tabela 11 abaixo. As colunas dois e três mostram a iluminação média sem e com difusor. O método de medição da iluminação média da Sociedade de Engenharia de Iluminação da América do Norte (IES) foi descrito na secção 4.7, a coluna quatro e a coluna cinco mostram a iluminação média real sem e com difusor, respetivamente. A tabela mostra que, para o primeiro painel LED (painel de matriz de colunas RGBA), o difusor e o método de medição da iluminação média real não estavam a ser utilizados. Uma vez que não era possível voltar a dispor esse painel mais tarde, as medições não puderam ser efectuadas para esse painel. O mesmo aconteceu com o painel de matriz circular RGBA, a literatura sobre o método de iluminação média real não foi encontrada durante esse período, e não foi possível mais tarde redesenhar o mesmo painel da mesma forma.

Tipo de painel	IES $\bar{E}_h$ sem difusor	IES $\bar{E}_h$ com difusor	True $\bar{E}_h$ sem difusor	True $\bar{E}_h$ com difusor
Matriz de colunas RGBA	534	n/a	n/a	n/a
Matriz circular RGBA	562	181	n/a	n/a
Matriz circular aleatória RGBA	617	198	734	199
13 LEDs Max Melanopic- Lux	107	67	132	112
13 LEDs Min Melanopic- Lux	133	51	123	51

Quadro 11: Nível de iluminação obtida (iluminação média IES e iluminação média real), o nível de iluminação é dado em unidade lux.

Para medir a distribuição da luz em diferentes terminais de medição p1, p2, p3, p4 ou a uniformidade da luz, o Konica Minolta Chromameter CL-200 foi configurado em diferentes terminais de medição. Como o nível de iluminação era muito elevado imediatamente abaixo do painel LED, terminal p0, esse valor não foi medido para cálculo.

Tipo de painel	Sem difusor				Com difusor			
	p1	P2	P3	p4	p1	P2	P3	p4
Matriz de colunas RGBA	540	477	508	610	197.25	186	193	206
Matriz circular aleatória RGBA	560	582	479	628	180	190	154	200
Ranhura circular RGBA	595	616	458	799	199	177	195	222
13LED Max. Melanopic-Lux	150	149	150	279	74	67	64	64
13LED Min. Melanopic-Lux	143	115	118	157	53	45	49	56

Quadro 12: A uniformidade da superfície da mesa em diferentes terminais de medição p1, p2, p3, p4 sem e com difusor; a uniformidade foi medida em quatro pontos de medição diferentes em unidade lux

A partir da tabela, verificou-se que, antes de utilizar o difusor, os valores de iluminância nos diferentes terminais de medição eram muito diferentes, mas após a utilização do difusor, a luz na superfície da cabina de iluminação nos diferentes terminais de medição tornou-se mais uniforme e suave.

4.17 Índice de restituição de cor (Ra)

O índice de restituição de cores é um índice importante para a conceção de iluminação comercial que garante que os objectos serão percebidos numa situação de iluminação específica para a sensibilidade humana com uma cor natural [71]. Os índices de restituição de cores para cada um dos painéis LED concebidos foram medidos e documentados para trabalhos de investigação posteriores utilizando o dispositivo ótico Konica Minolta Spectrophotometer CL-500A. Para o ambiente geral de um escritório, o índice de restituição de cores 80 é considerado uma boa qualidade de luz para o trabalho geral de escritório, e 90 ou mais é considerado uma qualidade excelente [7]. O índice de restituição de cores assegura um ambiente agradável para os ocupantes. Os índices de restituição de cor obtidos para cinco painéis LED diferentes são apresentados na tabela 13. A partir da tabela, verifica-se que o índice de restituição de cor obtido para três painéis de matriz RGBA diferentes apresenta um valor negativo, o que significa que não se encontram propriedades de restituição de cor nestes painéis de iluminação. Por outro lado, a utilização de 13 pacotes de LED dá um bom índice de restituição de cores, especialmente depois de utilizar o difusor; os índices de restituição de cores foram melhorados.

Tipo de painel LED	Sem difusor	Com difusor
Matriz de colunas RGBA	-79	n/a
Matriz circular RGBA	-79	-5
Matriz circular aleatória RGBA	-44	-25
13 LEDs Max. Melanopic-Lux	81	86
13 LEDs Min. Melanopic-lux	85	85

Tabela 13: Índices de restituição de cor para diferentes painéis LED

Os painéis LED RGB que geram luz branca têm melhor reprodução de cores do que os LED brancos azuis normais com fósforo amarelo. A utilização de RGBA deverá melhorar a qualidade RGB. A partir dos nossos painéis LED concebidos, pode verificar-se que o painel de 13 LED dá melhores resultados no contexto da reprodução de cores do que apenas os painéis RGB. O nível de iluminação destes painéis é inferior ao dos painéis RGB, mas pode ser melhorado com a utilização de outras técnicas, como os reflectores.

Capítulo 5

Conclusão e investigação futura

No presente e no futuro próximo, o consumo de energia é muito importante porque é comercialmente rentável e aumenta a possibilidade de melhorar o ambiente. Para atingir este objetivo, a maior parte dos edifícios comerciais de hoje em dia estão a ser concebidos para melhor utilizar a luz do dia através de janelas, fachadas e outros meios. Estes tipos de edifícios não só minimizam o consumo de eletricidade como também criam novas oportunidades de investigação no domínio da iluminação moderna. Numa situação geral de iluminação interior, espera-se um ambiente agradável, um estado de saúde física e mental equilibrado dos ocupantes e um ritmo circadiano adequado com um ciclo regular de sono e vigília.

A partir dos dados de luz do dia registados, num local exterior, observou-se que, na direção de medição da luz do horizonte, cada uma das quatro direcções (pontos cardeais sul, oeste, norte e este) tem valores de irradiância diferentes devido à diferente posição altimétrica do sol, que gera diferentes ângulos de receção do feixe solar em cada uma das direcções.

Na área exterior aberta, observou-se que a janela da fachada sul apresenta o valor máximo de irradiância e que esta direção específica é o cenário mais iluminado. As orientações norte e este apresentam a irradiância e a iluminação mais baixas, apesar da presença de lâmpadas fluorescentes compactas e de janelas de vidro difuso, respetivamente. A investigação concluiu que a janela na posição superior permite uma iluminação mais elevada do que as janelas localizadas na posição inferior [72] em relação à posição no solo. Durante as medições na área exterior aberta, a posição da janela cobria uma grande área da fachada sul e a iluminação era boa para o trabalho natural, o que prova o trabalho de investigação.

Uma análise mais aprofundada dos dados registados ajudaria a encontrar o fator médio de luz do dia (DF), a componente do céu (SC) e a componente reflectida internamente (IRC) através de cálculos matemáticos simples, em relação às condições de iluminação normais. Estes parâmetros são muito importantes para a conceção de um edifício ecológico [73].

Após uma avaliação cuidadosa dos cinco painéis LED diferentes concebidos, com quatro padrões de matriz diferentes e um mapeamento de irradiância diferente, pode dizer-se que os painéis de 13 LED proporcionaram melhores resultados do que os painéis LED RGBA. A partir dos valores medidos, verificou-se que o nível de iluminação dos painéis de 13 LED é bastante inferior ao dos painéis RGBA, mas proporciona um melhor índice de restituição de cores e homogeneidade na superfície coberta pelo painel. Entre apenas os três painéis LED RGBA, o painel RGBA com padrão circular aleatório apresentou o melhor resultado no que diz respeito ao valor da iluminação, à restituição de cores e à homogeneidade. Após a instalação do difusor, a luz proveniente dos painéis tornou-se mais homogénea e de igual intensidade com diferentes comprimentos de onda dominantes.

A eficiência luminosa dos cinco painéis LED concebidos pode ser melhorada até 50% utilizando reflectores de vidro ou plástico [74] com diferentes disposições, o que foi mantido para investigação futura. Uma vez que os painéis luminosos foram concebidos com base nos factores circadianos mais elevados, os não-efeitos destas luzes LED podem ser testados num ambiente de escritório simulado com um observador real. Pode ser instalada uma função de gestão do calor, que atualmente não está disponível, para dar a estes painéis um aspeto comercial e, posteriormente, testá-los e compará-los com as lâmpadas LED existentes no mercado. Os efeitos não-visuais da luz são uma nova invenção da ciência ótica, havendo muitas oportunidades para continuar a investigação neste domínio, a fim de resolver muitas questões não resolvidas e também questões não questionadas.

Bibliografia

[1]Danny H. W. Li, Gary H. W. Cheung, K. L. Cheung, Tony N. T. Lam. *2010. Determinação da iluminância vertical da luz do dia em condições de céu não encoberto.* The International Journal of Building Science and Its Applications, volume 45, páginas 498-508.

[2]Aparna Das, Saikat Kumar Paul. *2015. Artificial Illumination During Daytime in Residential Buildings: Factors, Energy Implications and Future Predictions.* Applied Energy, volume 158, páginas 65-85.

[3]Danny H. W. Li. *2010. A Review of Daylight Illuminance Determinations and Energy Implications (Revisão da Determinação da Iluminância da Luz do Dia e Implicações Energéticas).* International Journal of Applied Energy, volume 87, páginas 2109-2118.

[4]Azza Babil, John Mardaljevic. *2006. Iluminâncias úteis da luz do dia: A Replacement for Daylight Fator.* International Journal of Day Lighting Buildings, volume 38, páginas 905-913.

[5]Nabil A, Mardaljevic J. *2005. Useful Daylight Illuminance: Um novo paradigma para aceder à luz do dia nos edifícios.* Lighting Research and Technology, volume 37, páginas 41-59.

[6]Laura Bellia, Alessia Pedace, Giuseppe Barbato. *2014. Análise de inverno e verão das Caraterísticas da Luz do Dia em escritórios.* The International Journal of Building Science and its Applications, volume 81, páginas 150-161.

[7]Shang-Hui Yang, Jian-Shian Lin, Fuh-Shyang Juang, Ding-Chin Chou, Ming-Hua Chung, Chen-Ming Chen, Lung-Chang Liu. *2013. Diodos emissores de luz branca (LEDs) com bons índices de reprodução de cores (CRI) e altas eficiências luminosas pelo encapsulamento de fósforos mistos e de dois andares.* Current Applied Physics, volume 13, páginas 931-934.

[8]M.M. Aman, G.B. Jasmon, H. Mokhlis, A.H.A. Bakar. *2013. Análise do desempenho das lâmpadas de iluminação doméstica.* Política Energética, volume 52, páginas 482-500.

[9]S. Neumann, S. Haverkamp e O. N. Auferkort. *2011. Células ganglionares retinianas intrinsecamente fotossensíveis da retina de primatas expressam combinações distintas de receptores de neurotransmissores inibitórios.* Biblioteca Nacional de Medicina dos EUA, Instituto Nacional de Saúde. 16 de agosto, 2015, `http://www.ncbi.nlm.nih. gov/pubmed/22044923`

[10] Necessidades básicas de investigação para a iluminação de estado sólido. *2006. Relatório do Workshop de Ciências Energéticas Básicas sobre Iluminação de Estado Sólido.*

[11] Peng Xue, C. M. Mak, H.D. Cheung. *2014. Os Efeitos da Iluminação Diurna e do Comportamento Humano no Conforto Luminoso em Edifícios Residenciais: Um inquérito por questionário.* The International Journal of Building Science and its Applications, volume 81, páginas 51-59.

[12] Hideaki Kido, Yasuyuki Shiraishi. *2013. Caraterísticas do ambiente de iluminação interior utilizando a luz do dia com uma prateleira de luz.* Revista Internacional de Ciência e Desenvolvimento Ambiental, volume 4, páginas 36-39.

[13] Wafa Imad Ibrahim Abu Fares, Vineetha Kalavally, Nader Karnrani e Jussi Parkkinen. *2013. Sistema de LED controlado por espetro para teste de qualidade de luz.* Photonics (ICP), 2013 IEEE 4ª Conferência Internacional, páginas 212-214.

[14] P. Bodrogi, S. Bruckner, K. Tran Quoc e H. Winkler. *2013. Avaliação visual da qualidade da cor da fonte de luz. Pesquisa e aplicação de cores.* Wiley Periodicals Inc. volume 38, páginas 4-13.

[15] Charles Kittel. *Introdução à Física do Estado Sólido, Oitava Edição. John Wily & Sons, Inc.*

Capítulos 14-15, páginas 395-396, 433-434.

[16] Naoyuki Komuro, Masayoshi Mikami, Paul J. Saines, Anthony K. Cheetham. *2015. Correlações estrutura-propriedade no fósforo de fosfato de tetra-cálcio dopado com Eu: Uma chave para a aplicação de iluminação de estado sólido.* Journal of Luminescence, volume 162, páginas 25-30.

[17] N. Thejokalyani, S. J. Dhoble. *2014. Novas abordagens para iluminação de estado sólido com eficiência energética por diodos emissores de luz orgânicos RGB - uma revisão.* Renewable & Sustainable Energy Reviews, volume 32, páginas 448-467.

[18] Donald A. Neamen, Universidade do Novo México. *Semiconductor Physics and Devices, Basic Principles (Física e Dispositivos Semicondutores, Princípios Básicos). Terceira edição, McGraw Hill Publication.* Capítulos 4-5, páginas 123-134, 144-146.

[19] Masayuki Fujita. *2013. Fotónica de silício: Nanocavidade de Silício Brilhante.* Nature Photonics, volume 7, páginas 264-265.

[20] john Orton, Universidade de Nottingham. *Semiconductors and the Information Revolution.* Capítulo 1, páginas 20-21.

[21] Susan Walsh Sanderson, Kenneth L. Simons. *2014. Diodos emissores de luz e a revolução da iluminação: O surgimento de uma indústria de iluminação de estado sólido.* Relatório técnico do Instituto Politécnico de Rensselaer, EUA. Volume 43, páginas 1730-1746.

[22] Soyeong Ahn, Jae Neung Kim, Young Chul Kim. *2015. Efeito de solvatação no estado sólido de uma molécula fluorescente do tipo doador-aceitador e sua aplicação a diodos emissores de luz orgânicos brancos.* Artigo selecionado para a *Conferência Internacional de 2014 sobre Materiais Electrónicos e Nanotecnologia para o Ambiente Verde (ENGE 2014)* International Journal on Current Applied Physics, volume 15, páginas 42-47.

[23] LED Center, blogue educativo em linha. 17 de agosto, 2015. `http://led.linear1.org/why-are-leds-different-colors/`

[24] David L. Di Laura, kevin W. Houser, Richard G. Mistrick, Gary R. Steffy, *Illuminating Engineering Society, The Lighting Handbook, Décima Edição.* Capítulo 7. Fontes de luz: Caraterísticas técnicas, página 7.61.

[25] Karlheinz Seeger. *Semiconductor Physics, An Introduction,* 9th *Edition.* Publicação da primavera, capítulos 5.1-5.3, páginas 72-82.

[26] David L. Di Laura, Kevin W. Houser, Richard G. Mistrick, Gary R. Steffy. *Illumination Engineering Society, The Lighting Handbook, Décima Edição.* Enquadramento: Foto-biologia e Efeito Não Visual da Radiação Ótica, páginas: 3.3-3.7.

[27] Maria L. Amundadottir, Steven W. Lockley e Marilyne Andersen. *2013. Avaliação baseada em simulação de respostas não visuais à luz do dia: Proof of Concept Study of Health Care Re-Design.* The International Journal of Building Science and its Applications. volume 70, páginas 138-149.

[28] Andrea Sand, Tiffany M. Schmidt, Paulo Kofuji. *2012. Diverse Types of Ganglion Cell Photoreceptors in The Mammalian Retina [Diversos tipos de fotorreceptores de células ganglionares na retina de mamíferos].* Biblioteca Nacional de Medicina dos EUA, Instituto Nacional de Saúde. 16 de agosto, 2015, `http://www.ncbi.nlm.nih. gov/pubmed/22480975`

[29] Jennifer *et al. 2010. Melanopsin-Expressing Retinal Ganglion-Cell Photoreceptors: Cellular Diversity and Role in Pattern Vision (Diversidade celular e papel na visão de padrões).* Biblioteca

Nacional de Medicina dos EUA, Instituto Nacional de Saúde, volume 67, páginas 49-60.

[30] Tiffany M. Schmidt, Shih-Kuo Chen e Samer Hattar. *2011. Células ganglionares da retina intrinsecamente fotossensíveis: Many Sub-types, Diverse Functions (Muitos Subtipos, Funções Diversas).* Biblioteca Nacional de Medicina dos EUA, Instituto Nacional de Saúde, volume 34, páginas 572-580.

[31] Shelley A. Tischkau, Stacey L. Krager. *1995. Orquestração da Rede do Relógio Circadiano pelo Núcleo Supraquiasmático.* Biblioteca Nacional de Medicina dos EUA, Instituto Nacional de Saúde, volume 14, páginas 697-706.

[32] Sand, A., Schmidt, T.M., e Kofuji, *2012. Diverse Types of Ganglion Cell Photoreceptors in The Mammalian Retina [Diversos tipos de fotorreceptores de células ganglionares na retina de mamíferos].* Biblioteca Nacional de Medicina dos EUA, Instituto Nacional de Saúde, volume 31, páginas 287-302.

[33] A Barroso, K Simons e P de Jager. *2014. Métricas de Iluminação Circadiana para Investigações Clínicas.* Sage Journals, volume, 46, páginas, 637-649.

[34] Li Lan, Zhiwei Lian, Li Pan, Qian Ye. *2009. Neurobehavioral Approach for Evaluation of Office Workers' Productivity: The Effects of Room Temperature* The International Journal of Building Science and its Applications, volume 44, páginas 1578-1588.

[35] Claude Gronfier, Richard Zarytkiewicz, Jean-Jacques Ezrati. *2014. Everyday Health, A New Issue in Lighting Design.* Jornal online, 16 de agosto de 2015. http://www.academia.edu/10844972/Every_Day_Health_ a_New_Issue_in_Lighting_Design

[36] Tara A. LeGates, Diego C. Fernandez e Samer Hattar. *2014. A luz como um modulador central dos ritmos circadianos, sono e afeto.* Nature Reviews Neuro-science, volume 15, páginas 443-454.

[37] Brian Owen. *2015. Dark-Sky Says Boo to Blue Light* LEDs Magazine, 16 de agosto de 2015. http://www.ledsmagazine.com/articles/2009/10/ dark-sky-says-boo-to-blue-light.html

[38] Robert J Lucas, Stuart N Peirsonf, David Berson, Timothy Brown, Howard Cooper, Charles A Czeisler, Mariana G Figueiro, Paul D Gamlin, Steven W Lock- ley, John B O'Hagan, Luke L A Price, Ignacio Provencio, Debra J Skene, George Brainard. Oxford 18th , 2013. Irradiance Toolbox: Guia do Utilizador, página 7.

[39] N. Lena. *2002. Lighting Measurements (Medições de iluminação).* Illuminating Engineering Society of North America, Light Measurements Handbook, página 17.

[40] L. Beiila, F Bisegna. *2013. Da Radiometria à Fotometria Circadiana: A Theoretical Approach.* Revista Internacional de Construção e Ambiente, volume 62, páginas 63-68.

[41] Joseph A. Shaw. *Noções básicas de radiometria e fotometria.* Relatório Técnico, Sistemas Electro-ópticos da Universidade do Estado de Montana (EELE 482 F12).

[42] James M. Palmer, Barbara G. Grant. *2007. A Arte da Radiometria,* página 393. 16 de agosto de 2015. http://fp.optics.arizona.edu/Palmer/rpfaq/ rpfaq.htm

[43] Normas e códigos de iluminação e energia. *2010. Relatório anual da Comissão Internacional de Iluminação* Capítulo 4.

[44] Evan Mills, Nils Borg. *1999. Trends In Recommended Illuminance Levels: An International Comparison.* Journal of the Illuminating Engineering Society, volume 26, páginas 225-237.

[45] C. F. Reinhart. *2002. Effects of Interior Design on the Daylight Availability in Open Plan*

Offices (Efeitos do design de interiores na disponibilidade de luz natural em escritórios de plano aberto). Conference Proceedings of the ACEEE Summer Study on Energy Efficient Buildings, volume 43, páginas 1-12.

[46] Foto da Voltic Educational Network, 17 de agosto de 2015. `http://www.pveducation.org/pvcdrom/properties-of-sunlight/ measurement-of-solar-radiation`

[47] Jaehyuk Yoon, Mintaek Kim, Seunghyeon Lee, Kwang Min Chun, Soonho Song. *2015. Espectroscopia de transmissão de luz em tempo real (RTLTS): A Real Time and in Situ Particle Size Distribution Measurement for Fractal-Like Diesel Exhaust Particles.* Journal of Aerosol Science, volume 90, páginas 124-135

[48] M.Deru, N. Blair, e P.Torcellini. *2005. Procedure to Measure Indoor Lighting Energy Performance* Laboratório Nacional de Energias Renováveis, Departamento de Energia dos EUA, Relatório Técnico NREL/TP-550-38602.

[49] EE Richman. *2012. Plano de Medição e Verificação Padrão para Projectos de Retrofit de Iluminação para Edifícios e Locais de Construção.* Laboratório Nacional do Noroeste do Pacífico, Departamento de Energia dos EUA. Relatório Técnico, DE-AC05-76RL01830

[50] Amy Camie *2014. Escritórios de iluminação diurna, um primeiro passo para uma análise dos efeitos fotobiológicos para fins de prática de design.* International Journal of Building and Environment, volume 39, páginas 54-64.

[51] L. Bellia, A. Pedace, G. Barbato. *2013. Iluminação em Ambiente Educacional: um Exemplo de Análise Computacional do Efeito da Luz do Dia e da Luz Elétrica nos Ocupantes.* International Journal of Building and Environment, volume 68, páginas: 50-65.

[52] Peter Thorns. *2011. Luz e Iluminação - Luz dos Locais de Trabalho. Parte 1: Locais de trabalho interiores; CIE-12464-1.* Comissão Internacional de Iluminação.

[53] *2008. Lighting Assessment in the Work Place, Secção de Segurança e Saúde no Trabalho, Ministério do Trabalho, Hong Kong.*

[54] Koven AL *1963. How to Make Lighting Survey.* Comité Conjunto de Levantamento de Iluminação. Illumination Engineering Society, volume 57, páginas 87-100.

[55] Todd Mitton. *2015. The Wealth of Sub-Nations: Geography, Institutions, and Within-Country Development.* Journal of Development Economics, volume 118, páginas 88-111.

[56] Richard Kittler, Miroslav Kocifaj, Stanislav Darula. *2012. Ciência da luz do dia e tecnologia de iluminação natural.* Publicação Springer, ISBN 978-1-4419-8815-7, páginas 71-84.

[57] Ana Perez, Argimiro de Miguel, Julia Bilbao. *2010. Iluminância da luz do dia em superfícies horizontais e verticais para céu limpo. Case Study of Shaded Surfaces.* The Official Journal of the International Solar Energy Society, volume 84, páginas 137143.

[58] David L. DiLaura, Kevin W. Houser, Richard G. Mistrick, Gary R. Steffy. *Illuminating Engineering Society, The Lighting handbook* 10th *Edition.* Capítulo 9, páginas 9.29-9.31.

[59] J.R. Cravath e V.R. Lansingh. *1908. The Calculation of Illumination by the Flux of Light Method (O Cálculo da Iluminação pelo Método do Fluxo de Luz).* Sociedade de Engenharia de Iluminação (IES).

[60] Nibedita Das, Nitai Pal, Sadhu K. Pradip *2015. Análise de custo económico de LEDs sobre luzes de inundação HPS para um projeto de iluminação exterior eficiente usando Solar PV* Building and Environment, volume 89, páginas 380-392.

[61] L. Svilainis. *2008. LED Diversity Measurement in Situ. Measurement.Journal* of The International Measurement Confederation, volume 41, páginas 647-654.

[62] David Kim. *2015. Capítulo 300-White LED Driver em Tiny SC70 Package Delivers High Efficiency and Uniform LED Brightness.* Analog Circuit Design, volume 3, páginas 643-644.

[63] Young-Pil Kim, Young-Shin Kim, Seok-Cheol Ko. *2015. Caraterísticas térmicas e fabricação de pacote de LED baseado em sub-montagem de silício.* Microelectronics Reliability, volume 27, páginas 153-155.

[64] Jonathan Wafer, Osram Opto Semiconductors Inc. *2004. Os LEDs encontram a eletrónica de estado sólido, os LEDs brancos enfrentam desafios de design.* Photonics Spectra Magazine, volume 38, páginas 27-29.

[65] Curso em linha sobre LED, Philips, Países Baixos, 15 de agosto de 2015. `http://www.lighting.philips.com/pwc_li/main/connect/Lighting_University/internet-courses/LEDs/led-lamps5.html`

[66] Zhang Deng, Yang Jiang, Ziguang Ma, Wenxin Wang, Haiqiang Jia, Junming Zhou e Hong chen. *2015. Um novo método de ajuste de comprimento de onda em diodos emissores de luz baseados em InGaN.* Superlattices and Microstructures, volume 83, páginas 176-183.

[67] Alex Ryer. *1998. Light Measurement Handbook (Manual de medição de luz).* International Light Technologies. 16 de agosto de 2015. `http://www.intl-lighttech.com/services/ilt-light-measurement-handbook`

[68] Lidan Miao, Hairong Qi. *2006. A conceção e avaliação de um método genérico para gerar matrizes de filtros multiespectrais em mosaico.* IEEE Transactions on Image Processing, volume 15, páginas 2780-2791.

[69] Raju Shrestha , Jon Y. Hardberg. *2013. Projeto de matriz de LED para imagens multiespectrais.* Conferência de Cor e Imagem (CIC) sobre Sistemas, Tecnologias e Aplicações de Ciência e Engenharia da Cor, volume 7, páginas 8-13.

[70] Guia de Design de Luminárias LED. *CREE, Inc. Nota de Aplicação: CLD-AP15 REV 0B*

[71] Jing Yu, Yongming Yin, Wenbo Liu, Wei Zhang, Letian Zhang, Wenfa Xie, Hongyu Zhao. *2014. Efeito da emissão amarelo-esverdeada no índice de reprodução de cores de dispositivos emissores de luz orgânica branca.* Organic Electronics, volume 15, páginas 2817-2821.

[72] Madhu Sudan, G.N. Tiwari, I.M. Al-Helal. *2015. Um modelo de fator de luz do dia em condições de céu limpo para edifícios: An Experimental Validation.* The Official Journal of the International Solar Energy Society, volume 115, páginas 379-389.

[73] Madhu Sudana, G.N. Tiwaria, I.M. Al-Helal. *2015. Um modelo de fator de luz do dia em condições de céu limpo para edifícios: An Experimental Validation.* Solar Energy, volume 115, páginas 379-389.

[74] Heng Wu, Xian min Zhang, Peng Ge. *2015. Método de design de uma lâmpada de nevoeiro frontal de diodo emissor de luz com base em um refletor de forma livre.* Revista Internacional de Ótica e Tecnologia Laser, volume 72, páginas 125-133.

Printed by Books on Demand GmbH, Norderstedt / Germany